교토맘의
요리 데코
85

교토맘의 요리 데코 85

백주희 지음 · 안다연 그림

RHK
알에이치코리아

 프롤로그

교토에서의 생활 11년째.

결혼을 하고 낯선 일본에서 아이를 낳고 살다 보니 평소에는 관심도 없던 취미가 생겼어요.

첫째가 유치원에 다니기 시작하면서 도시락을 싸주었는데, 눈이 휘둥그레 질 정도로

멋진 솜씨를 뽐내는 일본 엄마들의 도시락을 보며 저도 도전해보았답니다.

사실 일본 아이들 틈에서 도시락으로 밀리지는 않을까 하는 마음에서 시작했지만,

어느새 요리 데코는 아이와의 교감은 물론 소통의 역할까지 톡톡히 해주더군요.

도시락을 쌀 필요가 없는 요즘은 아침밥에 요리 데코를 활용하고 있어요.

정신없는 아침 시간이지만 냉장고에 남아 있는 식재료로 뚝딱 만들 수 있고,

무엇보다 엄마의 사랑이 가득 담긴 메시지로 아이의 하루가 더할 나위 없이

행복했으면 하는 마음으로 조금은 힘들지만 해내고 있답니다.

요밀조밀 복잡해 보이고 손이 엄청 많이 갈 것 같지만 알고 보면 정말 쉬운 요리 데코로

아이들의 하루를 신나게, 즐겁게, 행복하게 만들어주세요.

만드는 엄마의 마음까지도 행복해지는 요리 데코만큼 멋진 취미는 없겠지요?

아이가 커가면서 전하고자 하는 메시지도 달라지고,

요리 데코를 만들면서 아이의 입장에서 좀 더 이해하려고 노력하는 마음이

아이와 좋은 관계를 유지하게 하는 나름의 비결이라고 생각해요.

아이에게 마음을 전달하고 싶을 때,

용기를 북돋워 주고 싶을 때,

아이의 첫사랑을 응원해주고 싶을 때,

엄마의 마음을 이해해줬으면 할 때,

말보다 따뜻하고 정성 가득한 요리 데코로 마음을 전해보세요.

어쩌면 아이도 금세 엄마의 마음을 알아차리고 씽긋 웃어줄 거예요.

마음과 마음이 만나는 요리 데코, 정말 강추예요!

PART 3

Special Days 요리 데코

본책에서 가장 많이 사용하는 기본 요리 레시피를 모았어요.
몇 가지 요리 레시피로 다양한 요리 데코를 연출해보세요.

주먹밥

1. 따뜻한 밥에 소금, 식초, 참기름 등 기호에 맞는 양념으로 간을 해요.
2. 적당량의 1번 밥을 손바닥에 놓고 모양을 만든 다음, 그 속에 밑반찬을 적당량 넣어요.
3. 손으로 주먹밥이 잘 뭉쳐지지 않으면, 비닐 랩을 이용해 모양을 만들어요.

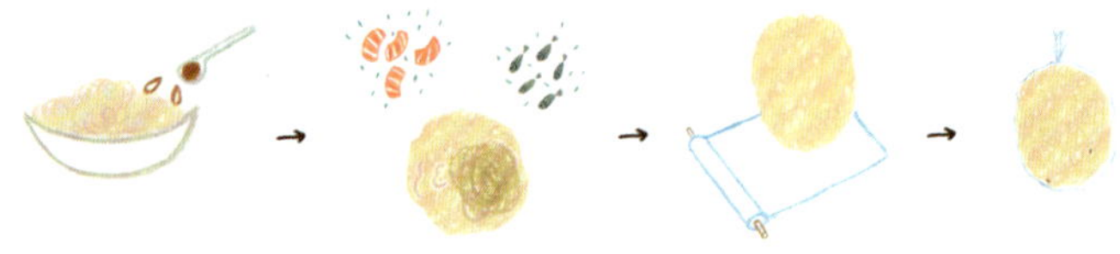

색깔 밥

 **갈색 밥**
따뜻한 밥에 소량의 간장과 피자 치즈를 넣고 조물조물 섞으면 완성!

 **노란색 밥**
따뜻한 밥에 소량의 카레 가루나 곱게 체에 내린 달걀노른자를 넣고 섞어요.

 **초록색 밥**
녹차 가루나 우유를 넣고 간 시금치 가루를 넣고 섞어요.

카레

1. 감자와 당근은 적당한 크기로 깍둑썰기해서 기름을 두른 프라이팬에 볶아요.
2. 양파는 잘게 다진 다음(강판에 갈아도 OK) 갈색이 될 때까지 볶아요.
3. 볶은 감자와 당근, 양파를 섞은 다음, 준비해둔 카레물을 붓고 저어요.
4. 카레가 걸쭉해질 때까지 끓이다가 소금으로 간하면 완성!

면 삶기

1. 끓는 물에 소금을 조금 넣고 소면을 삶아요.
2. 부르르 거품이 나면서 넘칠 듯 끓어오르면 찬물을 부어요.
3. 면이 익으면 찬물로 여러 번 헹구고 물기를 빼요.

달걀말이

1. 작은 프라이팬을 기준으로 달걀 3개를 푼 다음 소금과 우유를 조금 넣어요.
2. 프라이팬을 중간 불로 예열하고, 풀어놓은 달걀을 반만 부어요.
3. 달걀이 반쯤 익으면 세 겹으로 말아서 위로 밀어놓고 남은 달걀을 부어요.
4. 미리 익혀둔 달걀말이와 함께 말면서 익혀요.

햄버거 패티

① 간 돼지고기와 소고기를 각각 200g씩 섞고, 양파 1/2개는 잘게 다져서 프라이팬에
  갈색이 될 때까지 볶아요.

② 고기와 볶은 양파를 같이 넣고 남은 양파 1/2개는 강판에 갈아서 섞어요. 소금, 후춧가루,
  간장을 조금 넣고 빵가루도 1스푼 정도 넣어요.

③ 모든 재료를 섞고 치댄 다음, 동그랗고 평평하게 만들어요.

④ 예열한 프라이팬에 중간 불로 굽다가 노릇노릇하게 익으면 뒤집어서 뚜껑을 덮은 다음
  약한 불로 줄여서 15분 정도 익혀요.

⑤ 젓가락으로 패티를 눌러보고 육즙이 올라오면 완성!

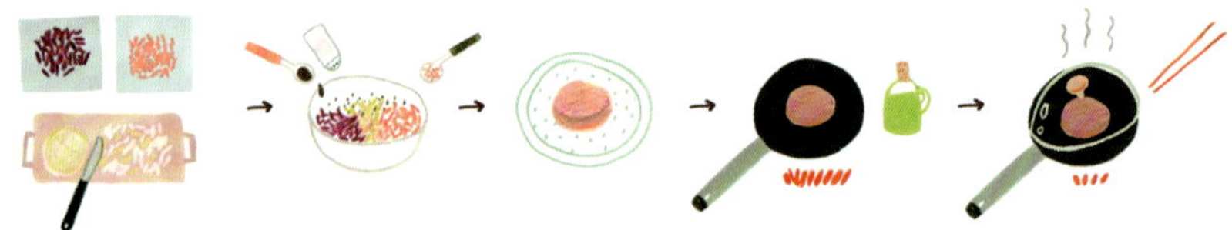

감자 고로케

① 감자를 삶아서 뜨거울 때 껍질을 벗기고 곱게 으깨요.

② 간 소고기와 양파, 당근, 파프리카 등의 야채를 잘게 썰어 볶은 다음 으깬 감자에 넣고 섞어요.

③ 소금으로 밑간한 푼 달걀을 넣어 고로케 반죽을 만들어요.

④ 먹기 좋은 크기로 빚어 튀김 가루, 달걀, 빵가루 순으로 묻힌 다음 기름에 튀겨요.

팬케이크

1. 시판 팬케이크 가루에 달걀과 우유를 넣고 반죽이 뭉치지 않도록 거품기로 섞어요.

2. 약한 불로 예열한 프라이팬에 반죽을 놓고 기포가 올라오면 뒤집어주세요.

   타지 않고 먹음직스런 베이지색 팬케이크를 만들려면 약한 불에서 굽는 것이 중요해요.

기본 도구 사용법

가위

끝이 날카로운 가위를 준비해요. 슬라이스 치즈나 김, 슬라이스 햄을 자를 때 유용해요.

이쑤시개

핀셋을 사용하기도 하지만, 자국이 남을 수 있어 눈, 코, 입처럼 작은 부분을
붙일 때는 이쑤시개를 사용해요. 또한 구멍을 뚫을 때도 유용하지요.

빨대

달걀이나 치즈에 찍어 모양(눈, 눈송이 등)을 만들거나 구멍을 뚫을 때 유용해요.

랩

주먹밥이나 으깬 감자를 뭉칠 때 유용해요.

PART 1

한 그릇 뚝딱
요리 데코

삐악삐악! 꼬꼬댁~

그릇이나 접시가 아닌 달걀 박스를 사용하여 데코하니 아이가 정말 즐거워하네요.

달걀을 깨듯 장난을 치기도 했지만요! 아이가 잘 먹지 않는

파프리카와 피망을 교묘하게 이용해봤는데 대성공!

후리가케는 잔새우나 멸치 등의 해산물 가루와 고기 가루, 김, 참깨 등을 넣고 만들었어요.

요즘은 엄마들이 직접 후리가케를 만들기도 하는데 흰밥에 솔솔 뿌려 먹으면 밥도둑이 따로 없어요.

아이가 알록달록 색이 예쁜 음식을 맛있게 먹는 모습을 보기 위해 오늘도 열심히 음식을 만드는 거겠죠?

흰밥
멸치볶음
연어
달걀이 들어간 후리가케
피망(또는 파프리카)
통조림 옥수수
슬라이스 햄
김

TIP

주먹밥을 만들 때는 랩을 이용해서 밥을 뭉치면 편리하고 위생적이에요. 일회용 비닐 장갑을 끼고 주먹밥을 만들어도 좋아요.

1 흰밥으로 아이가 두 입에 먹을 수 있는 크기로 주먹밥을 만들어요. 주먹밥 안에 멸치볶음과 연어를 넣었어요. 연어 대신 참치에 마요네즈를 넣고 버무린 참치 마요를 넣어도 좋아요.

2 달걀이 들어간 후리가케를 뿌린 밥을 랩으로 감싸 주먹밥을 만들어요.

3 닭 벼슬은 파프리카나 피망으로 만들어 파스타 면으로 고정해요. 부리는 옥수수로 만들고 볼은 햄으로, 눈은 김으로 만들어요.

부끄럼쟁이 곰돌이

남편 챙기랴, 아이 등교시키랴 정신없는 아침에는
식빵 한 장으로 후다닥 아침밥을 준비할 때도 있어요.
그런 날은 하루 종일 파이팅해야 하는 가족에게 살짝 미안하기도 해요.
오늘은 냉장고 속 재료를 총동원해 동물 캐릭터를 만들었는데, 인기 만점이에요!
특히 동물 캐릭터는 실패할 확률이 거의 없답니다.

식빵
미트볼
호박
슬라이스 치즈(흰색)
김
당근
파프리카(빨간색)

TIP

하나, 치즈를 잘라 모양을 만들 때는 이쑤시개를 이용하세요. 이쑤시개로 원하는 모양으로 콕콕 찌르면서 자르면 간단하게 만들 수 있어요.

둘, 빵집에서 산 케이크에 장식된 작은 소품도 버리지 않고 잘 모아두었다 활용하면 좋아요.

1 식빵은 전자레인지에 20초 정도 돌려 촉촉하게 해요. 작은 밥공기로 식빵을 찍어내 동그란 곰돌이 얼굴을 만들어요. 식빵을 토스터에 노릇하게 구워요.

2 식빵을 접시에 담고 귀는 미트볼로, 리본 타이는 구운 호박과 치즈로 만들어요.

3 곰의 눈, 코, 입은 치즈와 김으로, 왕관은 당근으로 만들어요. 하트 모양 장식은 베이커리용 장식품을 재활용했어요. 볼은 빨간색 파프리카로 만들어요.

엉엉, 엄마 미워!

아이를 키우다 보면 아이가 이유도 없이 화를 내고 투정을 부릴 때가 있잖아요.

저도 그럴 때는 아이를 혼낼 수밖에 없어요.

그런데 아이의 눈에 금세 그렁그렁 눈물이 고이면 그 모습이 안쓰럽고 정말 속상해요.

우는 아이를 보면서 '엄마가 너를 울렸구나. 정말 미안해!' 하는 마음을 담아

눈물 한 방울까지 정성을 다해 만들었어요.

그런데 아이가 이걸 보고 환하게 웃으면서 말하네요.

"엄마, 이게 나야?"

흰밥
간장
피자 치즈
달걀노른자
김
슬라이스 치즈(흰색 · 노란색)

TIP

하나, 적당히 식힌 뜨거운 밥에 간장만 넣으면 잘 뭉쳐지지 않아요. 제가 이것저것 넣어보며 다양한 시도를 해봤는데, 피자 치즈를 넣고 드디어 성공했답니다.

둘, 옷이나 신발 등의 모양은 종이로 도안을 만들어 사용하면 손쉽게 만들 수 있어요.

1 아이 얼굴은 뜨거운 흰밥에 간장 조금과 피자 치즈를 넣고 뭉쳐 만들어요.

2 접시에 담아 모양을 정리해요.

3 달걀노른자를 부쳐 윗옷 모양으로 잘라요.

4 바지와 신발, 옷 무늬, 입 모양은 김으로, 아이의 손과 다리는 흰색 치즈로 만들어요.

5 스누피는 흰밥을 뭉쳐 모양을 잡고 눈, 코, 입, 귀는 김으로 만들어요.

6 아이의 눈물은 노란색 치즈로 만들어요.

짹짹짹, 새가 노래해! 

과일을 좋아하는 큰아이가 정말 열광하는 데코예요.

눈 깜짝할 사이 과일부터 사사삭 해치우지요. 짹짹짹! 흉내를 내면서요.

저는 카스텔라를 좋아하는데 아이도 저를 닮아 빵을 무척 좋아해요.

그렇게 엄마 아빠의 식성까지 닮은 아이를 보면 참 신기해요.

두 개를 만들어 하나는 아이가, 하나는 제가 커피와 함께 먹었어요.

아이가 맛있게 먹으니 그걸로 행복합니다.

롤 카스텔라
오이
블루베리
당근
바나나
체리
통조림 옥수수

1 롤 카스텔라를 적당한 두께로 자른 뒤 다시 반으로 잘라 반원을 만들어요.

2 새의 눈은 오이와 블루베리를 겹쳐서 만들고, 볏은 당근으로, 날개는 바나나와 체리로 장식해요. 참새 부리는 옥수수와 체리로, 다리는 바나나로, 발은 옥수수로 만들어요.

꼬불꼬불 토토로

일요일에는 왠지 특별한 음식을 먹어야 할 것 같아요.

우리 어렸을 때는 특별식으로 짜장면을 먹는 날이었잖아요.

한국에서는 흔하게 배달해 먹는 음식이지만 일본에서는 짜장면이 너무나 귀하답니다.

아이들은 짜장면을 자주 보지 못해서 '검은 우동'이라 불러요.

처음에는 검은색이라서 싫어하더니 한입 뺏어 먹고는 눈이 반짝반짝!

인스턴트식품이라 자주 해줄 수는 없지만

온 가족이 모여 토토로와 함께하는 식사라면 인스턴트 짜장면도 눈감아줄 수 있어요.

흰밥
인스턴트 짜장면
김
슬라이스 치즈(흰색)
파스타 면
깻잎

TIP

깻잎이 없으면 생략해도
되지만, 토토로가 우산을
쓴 것처럼 장식하니 더욱
완성도가 있어 보여요.

1 흰밥을 납작하고 동그랗게 뭉치고 김을 오려 몸을 장식해요.

2 인스턴트 짜장면을 만들어 접시에 담고, 토토로 모양을 만들어요.

3 만들어둔 흰밥을 올리고 눈과 코를 김과 치즈로 만들어요.

4 수염은 파스타 면으로 만들고 머리 위를 깻잎으로 장식해요.

새콤달콤 꿀자몽

자몽은 달콤하지만 쌉싸래한 맛으로 아이보다는 어른들이 좋아하는 과일이에요.
저희 아이도 귤은 정말 좋아하지만, 자몽은 주스로 만들어도 안 먹더라고요.
엄마는 건강에 좋아 졸졸 따라다니면서 자몽을 먹이지만, 한입이나 먹을까 말까 했어요.
자몽을 먹이고 싶은 마음에 냉장고에 있는 재료로 후다닥 곰돌이 모양을 만들고,
자몽에 꿀을 발라주었어요. 그랬더니 반 정도 먹더군요.
아이한테 자몽을 줄 때는 달달한 꿀을 넣어보세요.

자몽
꿀
김
슬라이스 치즈(흰색)
비엔나 소시지

TIP

하나, 과일은 껍질에 영양분이 풍부하게 들어 있어 껍질째 먹는 것이 좋지만 유기농 과일이 아니면 안심하고 먹을 수 없어요. 과일을 껍질째 먹일 때는 베이킹 소다를 이용해 껍질을 박박 문질러 씻으면 안심하고 먹일 수 있어요.

둘, 비엔나 소시지를 잘라 귀를 붙일 때 파스타 면을 이용해보세요.

1 자몽은 베이킹 소다를 이용해 껍질을 박박 문질러 씻어요.

2 자몽을 반으로 자르고 꿀을 아주 살짝만 발라요. 곰돌이의 눈, 코, 입은 치즈과 김으로 만들어요.

3 비엔나 소시지의 양쪽 끝을 잘라 귀를 만들어요.

시원한 비야, 내려라!

제가 사는 교토는 장마철이 되면 너무 더운 데다 습해서 10년 넘게 살았는데도
여전히 적응하기 힘들어요. 여름만 되면 더위에 살이 빠지고 밖에서 놀아
까매진 아이 얼굴을 보면 한없이 안쓰러워요.
어느 날 저녁 아이와 함께 동화책을 보다
주인공 개구리와 원숭이를 주먹밥으로 만들었어요.
동화책은 제 아이디어의 보물 창고랍니다!

흰밥
녹차 가루
연어
피망(초록색)
파스타 면
슬라이스 치즈
(흰색 · 노란색)
김
체리(또는 방울토마토)
간장
피자 치즈
식빵
시리얼

TIP

주먹밥이 뜨거우면 치즈를 올렸을 때 흘러내릴 수 있어요. 밥을 충분히 식힌 다음 치즈를 올려야 모양이 흐트러지지 않고 예쁘답니다.

1 개구리 얼굴은 흰밥에 녹차 가루를 섞어 색을 내고 주먹밥 안에 연어를 넣어요.

2 개구리 몸통은 초록색 피망을 4등분한 것을 다시 반으로 잘라 만들어요. 남은 피망과 파스타 면으로 우산을 만들어요.

3 개구리의 눈, 팔, 다리, 배를 흰색 치즈로 만들고, 눈동자와 입은 김으로, 볼록한 볼은 체리나 방울토마토를 잘라 만들어요.

4 원숭이는 흰밥에 간장 조금과 피자 치즈를 넣고 뭉쳐서 만들어요.

5 원숭이의 얼굴, 귀, 배, 꼬리, 팔, 다리는 노란색 치즈로 만들어요. 원숭이 눈은 김으로 만들고 볼은 체리나 방울토마토로 장식해요.

6 식빵을 밀대로 밀어 구름을 만들고 시리얼을 잘게 부셔 땅을 만들어요.

1 2

3

4, 5 6

비 내리던 날의 추억

어느 날 아침, 아이가 하루가 다르게 훌쩍 컸는지 발에 맞는 장화가 없지 뭐예요.

미처 챙기지 못한 게 미안해서

학교에 보낸 다음 신발 가게의 문이 열리자마자 장화를 샀던 기억이 나네요.

아이에게 너무 미안해서 다음 날 아침 이 요리 데코를 준비했어요.

달팽이는 아이가 주운 달팽이를 다치지 않게 풀숲으로 옮기던 마음을 떠올리며 만들었고요.

엄마의 미안한 마음을 알았는지 맛있게 먹어줬답니다.

흰밥
간장
피자 치즈
피망(초록색)
슬라이스 치즈(흰색)
김
롤 케이크
바나나
햄
파스타 면

TIP

비 오는 날을 표현할 때 알록달록한 방울은 빵이나 과자를 장식할 때 쓰는 베이커리용 장식품이에요. 식용색소를 넣고 만들기 때문에 먹어도 되고, 손쉽게 장식할 수 있어 유용하답니다.

1 곰돌이 얼굴과 팔, 다리는 흰밥에 간장 조금과 피자 치즈를 넣고 뭉쳐서 만들어요.

2 곰돌이 몸은 초록색 피망을 4등분해서 다시 반으로 잘라 사용하고, 눈과 리본 타이, 단추는 치즈로 만들어요. 눈동자와 코, 입, 리본 무늬는 김으로 만들어요.

3 달팽이는 롤 케이크를 적당한 두께로 잘라 접시에 올린 다음 바나나를 길게 잘라 몸 아랫부분을 만들어요. 달팽이 눈은 치즈와 김으로 만들어요. 파스타 면과 햄으로 눈을 고정해요.

4 우산과 빗방울은 김과 치즈로 만들어 비 오는 모습을 표현했어요.

1

2

3

영화관에 간 날

아이가 아빠와 함께 영화관에서 애니메이션을 보고 왔는데,

팝콘을 먹을 때 자기 손이 지저분해진다고 아빠 손을 이용해 먹었다네요.

이제는 영화관에 가도 의젓하게 영화를 볼 만큼 부쩍 커버린 아이가 대견해요.

하루가 다르게 쑥쑥 크는 아이 모습을 보니 더 많이 칭찬하고

좋아하는 것을 자주 만들어주고 싶어요.

지금 이 순간이 아니면 아이는 기다리지 않을 테니까요.

오늘 아침, 이런 생각을 하면서 만들었어요.

흰밥
간장
피자 치즈
콘부(다시마)
피망(초록색)
슬라이스 치즈(흰색)
식빵
딸기
초코 펜
팝콘

TIP

머리카락을 표현할 때 밥에 뿌려 먹는 다시마인 콘부를 이용하지만, 한국에서는 구하기 힘들지요. 그럴 때는 김이나 달걀노른자로 지단을 부쳐 얇게 채 썰어 머리카락을 만들어도 좋아요.

1 얼굴은 흰밥에 간장 조금과 피자 치즈를 넣고 만들어요. 머리카락은 밥 위에 뿌려 먹는 콘부(다시마)를 활용했어요.

2 옷은 초록색 피망을 4등분해서 다시 반으로 자르고, 옷깃과 단추, 팔은 치즈로 만들어요.

3 팝콘 봉지는 식빵으로 만들고 딸기와 치즈로 꾸며요. 'POP' 글자는 초코 펜으로 쓰고 먹다 남은 팝콘을 올려요.

1

2

3

꿀꿀꿀 돼지 삼형제 

요리를 데코하다 보니 실력이 나날이 늘어가는 것을 느낄 수 있어요.

어떻게 하면 아이가 잘 먹지 않는 음식을 먹일 수 있을까 고민하기도 하고요,

이 샌드위치는 영양까지 고려했어요. 또 감자 샐러드에

아이들이 잘 먹지 않는 야채를 넣을 수 있어 좋아요.

첫째 아이는 오이를 잘 먹지 않는데, 이렇게 만들어주면 잘 먹어요.

그런 모습을 보기 위해 또다시 요리 데코를 하는지도 모르겠어요.

꿀꿀 돼지 삼형제 이야기를 하면서 아이도 냠냠, 엄마와 아빠도 냠냠!

감자
오이
햄
마요네즈
식빵
슬라이스 햄
딸기
김
슬라이스 치즈(흰색)

TIP

감자 샐러드에 후춧가루를 살짝 넣기도 하는데 아이가 후춧가루를 넣어도 맛있게 먹더라고요.

1 먼저 감자 샐러드를 만들어요. 감자를 전자레인지에서 4분 정도 익힌 다음 으깨요.

2 오이와 햄을 잘게 썰어 마요네즈와 함께 넣고 버무려요. 아이의 식성에 따라 후춧가루를 조금 넣어도 좋아요.

3 식빵을 반으로 잘라 감자 샐러드를 넣고 식빵을 올려요.

4 햄을 올려 테두리를 자른 다음 남은 햄으로 귀와 코를 만들어요. 볼은 딸기로, 눈과 입은 김으로, 반짝이는 눈동자는 치즈로 표현해요.

뽀로롱 작은 새 

오믈렛을 먹고 나서 심심해하는 아이에게 후다닥 새를 만들어 주었어요.

아이에게 동화책을 읽어주다 좋은 그림을 발견하면 사진으로 찍어두곤 해요.

또 데코로 활용하면 좋은 간식은 조금씩 지퍼백에 담아 보관해요.

새의 눈인 블루베리는 냉동 보관하는데 블루베리를 잘 안 먹어서 자주 사용한답니다.

요구르트에 블루베리를 넣으면 귀신같이 찾아낼 만큼 아이들은 맛에 정말 민감해요.

그러니 눈이 즐거운 것도 중요하지만 무엇보다 맛이 있어야겠죠?

저는 콘 수프를 자주 만드는데 콘 수프에 식빵을 찍어 먹으면 너무너무 맛나답니다!

식빵
건블루베리
딸기
땅콩버터
버섯 모양 과자
별사탕

하나, 식빵으로 새 모양을 만드는 게 어렵다면 종이에 새 도안을 그린 다음 오리세요. 식빵에 종이 도안을 올린 다음 따라 오리면 손쉽게 만들 수 있어요.

둘, 저는 콘 수프를 자주 만드는데, 식빵을 함께 준비하면 아이가 잘 먹어요. 콘 수프에 식빵을 찍어 먹는 게 재미있나 봐요.

1 새는 식빵의 가장자리를 잘라내고 새 모양으로 오려서 만들어요.

2 눈은 건블루베리로, 날개와 입, 볏, 꼬리는 딸기로 만들어요. 배에는 땅콩버터를 발라요. 버섯 모양의 과자와 별사탕으로 접시를 장식해요.

3 몸통을 만들고 남은 식빵으로 볏과 다리도 만들어요.

1

2, 3

스크램블 에그 바다에서 헤엄치는 돌고래

아이가 수족관 가는 걸 좋아하는데, 스크램블 에그 위에서 헤엄치는 돌고래를 보고는

수족관에 가자고 조르더군요. "스크램블 에그가 바다라니!" 하며

배를 잡고 깔깔 웃는 아이를 보며 저의 창의력도 나날이 쑥쑥 커가고 있지요.

아이와 함께 정신없이 수족관 얘기를 하면서 돌고래 한입,

스크램블 에그 한입 먹다 보니 어느새 한 그릇 뚝딱 해치웠네요.

달걀
우유
설탕
소금(또는 혼다시)
흰밥
장조림
(또는 멸치볶음, 참치 마요)
김
토마토케첩
파

TIP

하나, 스크램블 에그를
만들 때 넣는 우유의 양은
아이의 식성에 따라 조절
하세요.

둘, 스크램블 에그는 간
을 할 때 소금보다는 깊은
맛이 나는 혼다시를 사용
하는데 맛이 좋아 아이가
잘 먹어요.

1 먼저 스크램블 에그를 만들어요. 달걀을 풀어 우유와 설탕을 조금 넣고 소금이나 혼다시로 간을 해요. 스크램블 에그를 더 부드럽게 만들고 싶으면 달걀을 풀어 체에 한번 내려주세요.

2 프라이팬에 기름을 두르고 달걀을 넣고 젓가락으로 휘저으며 익혀요. 돌고래 주먹밥은 흰밥에 장조림이나 멸치볶음, 참치 마요 등을 넣고 모양을 만들어요. 돌고래의 눈과 입, 물줄기는 김으로 만들고 토마토케첩으로 볼을 장식해요.

3 송송 썬 파를 스크램블 에그에 솔솔 뿌려요.

당근 냠냠 토끼

이 요리 데코를 만들어주니 아이는 토끼의 발바닥과 귀에 있는 햄을 먼저 쏙쏙 먹었어요.

나머지 빵은 수프에 찍어 냠냠 맛있게 먹었답니다.

아이가 유독 브로콜리를 잘 안 먹는데, 어떻게 하면 몸에 좋은 브로콜리를 먹일 수 있을까 고민했지요.

그래서 탄생한 음식이 바로 브로콜리를 듬뿍 넣은 크림소스 스튜예요. 결과는 대성공이랍니다!

몸에 좋은 음식을 아이가 맛있게 먹는 모습을 보기 위해

오늘도 우리 엄마들은 정성을 다해 음식을 만드는 거겠죠.

식빵
슬라이스 햄
브로콜리
딸기
당근
잎채소

1 식빵을 전자레인지에 넣고 20초 정도 돌려요. 촉촉해진 식빵을 밥공기로 찍어 토끼의 동그란 얼굴을 만들어요.

2 토끼의 몸통과 손, 다리는 식빵을 가위로 오려서 만들고, 햄으로 발바닥 모양을 만들어요. 토끼 귀는 식빵의 갈색 가장자리를 접어 햄으로 꾸며요.

3 나무는 식빵의 갈색 가장자리와 살짝 데친 브로콜리로 만들고 딸기를 작게 잘라 열매처럼 꾸며요

4 토끼한테 빼놓을 수 없는 당근은 당근과 잎채소를 잘라 만들어요.

★ **크림소스 스튜 만드는 방법**

1 스튜에 넣을 당근과 양파, 삶은 감자, 소고기, 데친 브로콜리를 적당한 크기로 썰어요.

2 냄비에 버터 20g을 넣고 약한 불에서 버터를 녹인 다음, 밀가루 20g을 넣고 색이 변하지 않도록 고무주걱으로 잘 저어요. 그리고 우유 200g을 붓고 약한 불에서 30분 정도 끓여요.

3 오목한 팬에 올리브 오일을 살짝 두르고 소고기를 볶다가 어느 정도 익으면 썰어 둔 감자, 양파, 당근을 넣고 볶아요.

4 2 소스를 넣고 끓이다가 소금과 후추로 간을 해요. 적당히 끓으면 데쳐 둔 브로콜리를 얹어요.

1

2

3

4

늑대 한입, 나 한입

"엄마, 늑대 이빨이 너무 무섭잖아!" 이렇게 말하면서도 깔깔깔!

이 요리 데코를 보자마자 아이가 얼마나 좋아했는지 몰라요.

아이가 배꼽 잡고 웃는 바람에 저도 덩달아 즐거워했던 기억이 떠오르네요.

이 요리 데코를 만들면서 아이가 주변 사람들과 많은 것을 나눌 수 있는

사려 깊은 아이로 컸으면 하는 생각을 했어요.

지금까지는 감사할 만큼 잘 자라고 있지만,

앞으로도 따뜻한 마음을 가진 어른으로 자라길 바라요.

식빵
땅콩버터
슬라이스 치즈(흰색)
김
건딸기
삶은 달걀
마요네즈
흰밥
멸치볶음(또는 참치 마요)
콘부(다시마)
토마토케첩
파프리카(빨간색)
시리얼

TIP

하나, 수박 쿠키는 직접 구
운 것인데, 다른 쿠키로 대
체하거나 생략해도 돼요.

둘, 머리카락을 만든 콘부
가 없으면 달걀노른자를
지단으로 부쳐 얇게 채 썰
어서 이용해도 좋아요.

1 늑대 얼굴과 두 귀는 식빵을 오려서 만들어요.
그 위에 땅콩버터를 듬뿍 바르고 눈과 코는 치
즈와 김으로 만들어요. 늑대의 이빨은 그래놀라
의 건딸기만 모아놓은 것을 붙여요.

2 삶은 달걀을 으깨서 마요네즈를 넣고 달 모양을
만들어요.

3 아이의 얼굴은 흰밥으로 만든 주먹밥 안에 멸치
볶음이나 참치 마요를 넣어요. 눈과 코, 입은 김
으로 만들고 머리카락은 콘부(다시마)로 장식해
요. 볼은 토마토케첩을 살짝 발라요.

4 아이의 몸은 빨간색 파프리카를 4등분해서 다시
반으로 자르고 식빵을 밀대로 밀어 손을 만들어요.

5 접시 하단에 시리얼을 올려 땅을 표현했어요.

꽃보다 양, 음매~

쿠키를 만들고 남은 생크림을 활용해서 만들었어요.

오랜만에 쿠키를 구웠는데, 문득 아이들이 태어나기 전에

자주 쿠키도 굽고 케이크도 만들었던 때가 생각났어요.

지금은 두 아이를 돌보느라 큰마음을 먹어야 가능하지만요.

그래서 더더욱 요리 데코에 정성을 들이는지도 모르겠어요.

흰밥
김
슬라이스 치즈(흰색)
생크림
잎채소
딸기
콘플레이크
커피콩 모양의 초콜릿

TIP

저는 '미즈나'라는 교토에
서 유명한 야채로 나뭇가
지를 표현했지만, 냉장고
에 있는 적당한 야채를 활
용하면 좋아요.

1 양의 까만 얼굴은 흰밥으로 주먹밥을 만든 다음 밥이 따뜻할 때 김으로 감싸요. 머리 위의 양털은 흰밥을 올리고 눈과 귀는 치즈 위에 김을 올려서 만들어요.

2 양의 몸통은 생크림으로 만드는데, 생크림이 없으면 흰밥으로 만들어요. 네 다리는 김으로 만들어요.

3 나뭇가지는 잎채소로 만들고 열매는 딸기를 반으로 잘라 만들어요. 땅은 커피콩 모양의 초콜릿과 콘플레이크로 표현했어요.

4 구름은 치즈로 만들어서 장식해요.

1

2

동글동글 가족 얼굴

이 요리 데코에는 정말 재밌는 추억이 있어요.

코를 만든 고추를 하나는 맵지 않은 풋고추로, 다른 하나는 청양고추로 만들었지요.

어떤 고추가 걸릴지는 그야말로 복불복이었어요. 청양고추를 고른 사람은 바로 남편!

엄청 매운지 물을 연거푸 마시는 모습에 아이가 숨이 넘어갈 듯 깔깔깔 웃었답니다.

별거 아닌 걸로도 아침에 온 가족이 큰 소리로 웃을 수 있다는 것,

제가 아침에 늦잠을 자고 싶어도 벌떡 일어나게 만드는 힘이 아닐까요?

카레
흰밥
건고구마
블루베리
풋고추
건호박
레몬
김가루

TIP

하나, 호박이나 고구마를 쪄서 얇게 썰어 건조기에 말리면 건강한 간식을 만들 수 있어요. 시간이 나면 직접 만들어도 좋지만 요즘에는 과일 등을 말린 건강한 간식도 많으니 시판 제품을 이용하면 편리해요.

둘, 저는 레몬으로 귀를 만들었지만, 레몬이 없으면 삶은 달걀을 얇게 슬라이스해도 좋아요.

1 카레(레시피 11쪽)를 만들어둬요. 접시에 흰밥을 반즘 담아 머리 모양을 만들어요. 밥 아래 카레를 담아 얼굴을 만들어요.

2 눈은 건고구마를 올리고, 블루베리로 눈동자를 표현해요. 코는 아이들이 먹을 수 있는 맵지 않은 풋고추로 만들어요.

3 건호박을 가로로 길게 잘라 입을 만들고, 레몬을 슬라이스해서 귀를 만들어요. 머리 부분에 김가루를 뿌려요.

1

2, 3

붕붕붕~ 꿀벌

벌 햄버거는 자주 만드는 베스트 메뉴예요.

도시락으로 싸주면 아이가 정말 좋아해요. 유치원 친구들이 "와~ 꿀벌이다!" 하며 부러워하면

아이의 어깨가 으쓱해지나 봐요. 참, 아이들은 별거 아닌 거에도 즐거워하지요.

시간이 있을 때 햄버거 패티를 미리 만들어 냉동실에 넣어두고 필요할 때마다 사용하면

바쁜 아침에도 재빨리 만들 수 있어요.

치즈를 싫어하는 아이에게는 강추합니다!

햄버거 패티
슬라이스 치즈(노란색)
김
피망(초록색)
파스타 면

TIP

하나, 저는 소고기와 돼지고기를 반씩 섞어서 햄버거 패티를 만들어요. 맛있게 만든다고 소고기만 넣으면 퍽퍽하고 감찰맛이 나지 않아요.

둘, 패티나 동그랑땡은 되도록 약한 불로 익히세요. 불이 세면 겉면은 까맣게 타고 속은 익지 않는 불상사가 발생할 수도 있어요. 반드시 약한 불에서 뚜껑을 덮고 익혀야 해요.

셋, 이제는 눈치챘겠지만 양 볼은 토마토케첩으로 하면 돼요.

1 햄버거 패티(레시피 12쪽)를 달군 프라이팬에 넣고 약한 불로 노릇하게 익혀요.

2 불을 끄고 패티에 치즈를 올린 다음 뚜껑을 덮고 치즈가 녹을 동안 기다려요.

3 햄버거 패티의 가장자리까지 녹은 치즈로 감싸고 접시에 담아요.

4 눈과 입, 몸의 무늬는 김으로 만들고, 초록색 피망으로 날개와 더듬이를 만들어요. 더듬이는 파스타 면으로 고정해요.

돌돌돌 말린 곰돌이

아이가 며칠 동안 변비로 고생하는 모습을 보고 있자니 마음이 너무 아팠어요.

섬유질이 많은 과일과 야채를 많이 먹이려고 고민한 끝에 만든 요리 데코예요.

아이가 싫어하는 야채를 넣었는데,

생각보다 잘 먹어줘서 정말 고마운 마음이에요.

아이가 잘 먹는 모습을 보고 힘을 얻어 또다시 새로운 요리 데코에 도전해봅니다.

요리 만드는 엄마, 엄마의 사랑을 먹는 우리 아이들 모두 파이팅!

식빵

마요네즈
(또는 땅콩버터, 잼)

슬라이스 치즈(흰색)

슬라이스 햄

샐러드 야채

김

토마토케첩

TIP

아이한테 줄 때는 고정한 이쑤시개를 반드시 제거한 뒤 주세요. 이쑤시개에 입이 찔릴 수도 있으니까요.

1 식빵의 가장자리를 잘라내고 반으로 잘라 밀대로 얇게 밀어요.

2 식빵에 마요네즈를 바르고, 치즈와 햄을 1장씩 올린 다음, 샐러드 야채를 듬뿍 올려요. 마요네즈 대신 땅콩버터나 잼을 발라도 좋아요.

3 김밥처럼 동글동글 말아서 이쑤시개로 고정해요. 눈썹은 햄으로, 코는 잘라낸 식빵 가장자리로, 눈과 코, 입은 김으로 만들어요. 볼은 토마토케첩으로 표현해요.

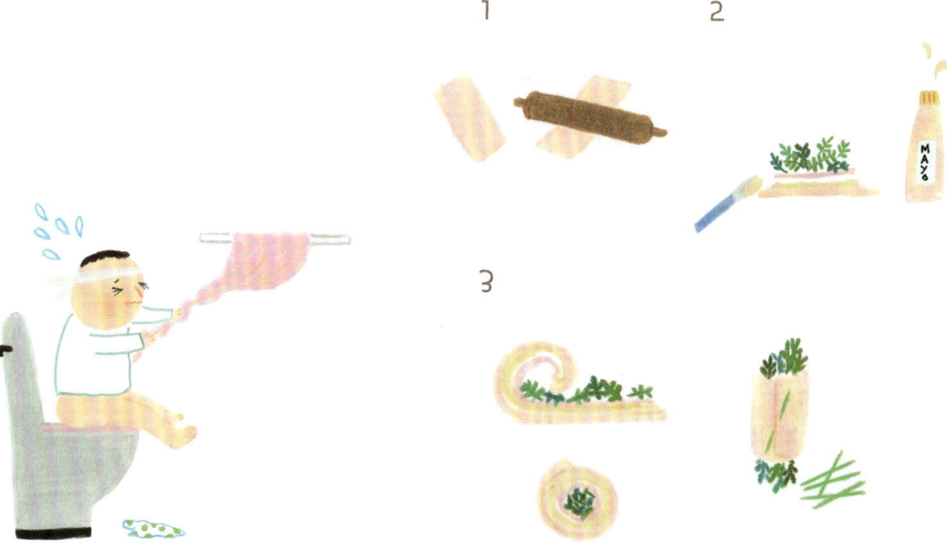

깡충깡충 토끼

어느 날 아이가 "엄마! 나 달걀말이 해줘" 하고 말해서 냉장고를 열어보니 딱 달걀밖에 없지 뭐예요.

달걀말이를 만들어 밥이랑 주려는데, 이번에는 밥이 없는 거예요.

밥할 시간도 없고 너무나 당황했지만, 마침 식빵이 눈에 띄었어요.

구원투수를 만난 것마냥 식빵으로 재빨리 샌드위치를 만들었지요.

토끼 샌드위치를 맛있게 먹어주는 아이를 보면서 '후유~' 하고 안도의 한숨을 내쉬었답니다.

위기 상황에서도 후다닥 아이 음식을 챙기는 저를 보니

'이젠 나도 아줌마가 다 됐구나' 하는 생각이 들었어요. 혼자 피식 웃고 말았네요.

식빵
마요네즈
달걀말이
상추
슬라이스 치즈(흰색)
김
토마토케첩
튀긴 파스타 면

1 식빵의 가장자리를 잘라내고 밀대로 밀어 얇게 만들어요.

2 식빵 한 면에 마요네즈를 바르고, 만들어둔 달걀말이(레시피 11쪽)를 올리고 그 위에 상추를 올려요.

3 식빵을 반으로 접고, 치즈와 김으로 눈, 코, 입을 만들고 잘라낸 식빵 가장자리로 토끼의 긴 귀를 표현해요. 볼은 토마토케첩으로, 수염은 튀긴 파스타 면으로 만들어요.

어흥! 동물의 왕 사자

팬케이크는 아이가 먹고 싶어하면 언제든지 만들어줄 수 있는 비상 요리예요.

팬케이크에 꿀이나 메이플 시럽, 초코 시럽을 뿌려주면 너무 좋아하지요.

팬케이크를 구워 사자 얼굴을 만들어서 아이한테 물었어요.

"사자하고 호랑이가 싸우면 누가 이길까?"

아이는 추호의 망설임도 없이 "당연히 사자가 이기지!" 하고 말하는 거예요.

"왜 그런데?" 하고 물었더니, "엄마는 그것도 몰라.

사자는 동물의 왕이래!" 하며 팬케이크를 열심히 먹는 모습이 너무 귀여워요.

팬케이크 가루
달걀
우유
김
튀긴 파스타 면
블루베리

하나, 아이가 먹기 좋게 작은 크기로 팬케이크를 만들고 싶을 때는 국자 대신 밥숟가락을 사용해요. 그래야 작고 동그랗게 만들 수 있어요.

둘, 팬케이크는 약한 불에서 구워야 해요. 센 불에서 구우면 금세 까맣게 타서 먹지 못할 수도 있어요. 조금 어두운 갈색을 내고 싶을 때는 색깔이 변하는 것을 유심히 지켜봐야 해요.

1 볼에 시판 팬케이크 가루를 넣고 달걀과 우유를 함께 넣은 다음 거품기로 잘 풀어요.

2 프라이팬을 약한 불에서 달군 다음 기름을 두르고 팬케이크 반죽을 국자로 떠 넣고 펼쳐요.

3 반죽에서 뽀글뽀글 기포가 올라오면 뒤집어 마저 익혀요. 약간 노릇하게 구우면 사자의 털 색깔이 나와요.

4 사자의 갈기는 작게 구운 팬케이크를 반으로 잘라요. 사자의 눈과 귀는 작게 구운 팬케이크에 김을 붙여요. 수염은 튀긴 파스타 면으로 코는 블루베리로 만들어요.

 # 행복한 우리 가족  

둘째 아이가 태어나면서 여덟 살 터울의 큰아이가 스트레스를 받지 않을까 걱정했는데,

나이 차이가 커도 역시 영향이 있더군요.

동생을 예뻐하면 자기 먼저 예뻐해달라며 안기더라고요.

둘째가 태어나기 전에 손가락 가족 주먹밥을 만들면서 큰아이와 '가족'에 대한 이야기를 나누었어요.

데코를 하면서 아이의 엄마, 아빠에 대한 속마음도 조금은 알게 되었지요.

주먹밥을 먹으면서 동생이 빨리 태어나기를 손꼽아 기다렸던 첫째의 예쁜 마음과 모습이 떠오르네요.

흰밥
간장
피자 치즈
슬라이스 치즈(흰색)
게맛살
오이
김
달걀 지단
당근
딸기
초코 펜

1 볼에 흰밥과 간장을 넣고 섞은 다음 피자 치즈를 넣어 피부색과 비슷하게 만들어요.

2 접시에 밥을 놓고 손가락 모양으로 만들어요.

3 식구들의 얼굴과 머리 모양은 치즈, 김, 오이, 게맛살, 당근, 달걀 지단 등을 이용해 꾸며요.

4 하트는 딸기로, 글자는 초코 펜으로 꾸며요.

TIP

하나, 접시에 밥을 놓고 손가락 모양으로 만들 때는 일회용 비닐장갑을 끼고 하면 편리해요.

둘, 가족의 얼굴은 아이와 함께 이야기를 나누면서 자유롭게 꾸며보세요. 식구들의 얼굴 특징을 고려해서 꾸미면 더욱 즐거울 거예요.

1

2

3

삐리릭 삐리릭 로봇

남자아이들에게 로봇은 늘 인기 만점이에요!

로봇 햄버거 역시 아이가 열광하는 메뉴이지요.

바쁠 때는 햄버거 패티에 고기랑 양파 다진 것만 섞어서 후다닥 만들지만,

시간이 있으면 아이들이 잘 먹지 않는 여러 가지 야채를 다져서 넣어요.

편식을 줄이고 몸에 좋은 야채를 먹일 수 있는 좋은 방법이지요.

물론 엄마들은 수고스럽지만요.

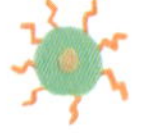

햄버거 패티
어묵(분홍색)
피망(빨간색 · 초록색)
달걀말이
슬라이스 치즈(흰색)
비엔나 소시지
김
당근
흰밥(또는 검은깨를
넣은 흰밥)
완두콩
별사탕

TIP

햄버거 패티를 만들 때
빵가루 대신 달걀을 넣기
도 해요. 각자 편한 방법
으로 만들면 좋아요.

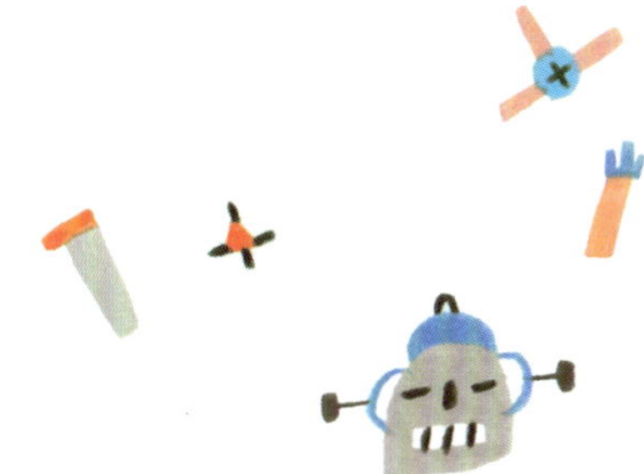

1 로봇의 몸통은 햄버거 패티(레시피 12쪽)로 만들
어요. 로봇 몸통은 분홍색 어묵, 빨간색과 초록
색 피망, 치즈를 잘라서 장식해요.

2 로봇의 얼굴은 달걀말이를 네모 모양으로 자르
고 비엔나 소시지로 머리와 몸통을 연결해요. 김
과 치즈로 눈, 코, 입을 만들어요. 머리와 귀는
당근과 김으로 만들어요.

3 로봇의 손과 손가락, 팔은 흰밥(또는 검은깨를
넣은 흰밥)을 조그맣게 뭉쳐서 연결하고, 분홍색
어묵과 완두콩으로 손을 만들어요. 발은 비엔나
소시지를 잘라 만들어요.

4 별사탕으로 접시를 장식해요.

1   2

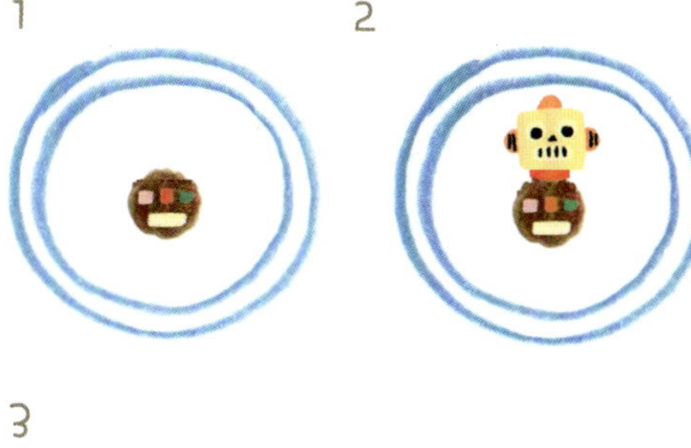

3

아이들의 대통령 뽀로로

뽀통령을 모르는 아이들은 없겠지요?

큰아이도 어렸을 때는 엄청 좋아했어요, 요즘은 좀 컸다고 시들해졌지만요.

그때를 추억하며 만들었더니 얼마나 좋아하는지 몰라요!

그런데 안경을 만들었던 당근만 싸~악 빼고 먹는 게 아니겠어요.

제가 만들면서도 먹을 거라고는 생각하지 않았지만,

다음에는 어떤 방법을 써서라도 먹이리라 다짐했어요.

기다려라, 아들!

팬케이크 가루
달걀
우유
슬라이스 치즈(흰색 · 노란색)
파프리카(빨간색)
당근
김

TIP

당근을 안경 모양으로 만
들 때 당근 단면보다 작
은 크기의 동그란 틀이 있
으면 편리하게 구멍을 낼
수 있지만, 없다면 가운데
부분에 칼집을 낸 후, 칼
날을 세워 동그랗게 자르
면 쉽게 자를 수 있어요.

1 볼에 시판 팬케이크 가루를 넣고 달걀과 우유를 함께 넣은 다음 거품기로 잘 풀어요. 프라이팬을 약한 불에서 달군 다음 기름을 두르고 팬케이크 반죽을 국자로 떠 넣고 펼쳐 구워요.

2 모자는 스크램블 에그로 만들어요. 모자 장식은 흰색 치즈와 빨간색 파프리카를 오려 만들어요.

3 안경은 당근과 노란색 치즈로, 눈은 김으로, 입은 빨간색 파프리카와 노란색 치즈로 만들어요.

1

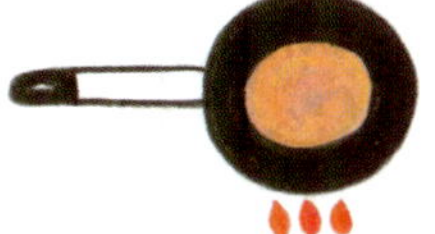

2, 3

윙크하는 깜찍 곰돌이

스파게티는 요리 데코를 하기 정말 좋은 재료예요.

아이가 좋아하는 동물이 있으면 한번 도전해보세요.

눈, 코, 입만 꾸미면 되니까 누구라도 쉽게 만들 수 있을 거예요.

스파게티를 만들 때마다 떠오르는 추억 하나가 있어요.

큰아이가 유치원에 다닐 때 '스파게티' 발음이 어려웠는지 '스타벡끼'라고 말하곤 했어요.

귀엽기도 하고 표현이 재미있어 발음을 따라 하며 스파게티를 만들었던 기억이 나네요.

지금은 너무나 또박또박 잘 말하지만 왠지 그때가 그립네요.

토마토소스
면(페투치니)
양상추
슬라이스 치즈(흰색)
김
방울토마토

TIP

하나, 저는 토마토소스 파스타를 자주 만드는데, 건강에 좋기 때문이에요. 만드는 방법도 아주 간단하지요. 파스타 면을 알맞게 익히는 동안 팬에 시판 토마토 소스를 넣고 끓이다가 다 익은 파스타 면을 넣고 버무리면 돼요.

둘, 토마토소스를 끓일 때 해산물이나 야채를 작게 썰어 넣어도 좋아요.

1 토마토소스 파스타를 만들어요. 접시에 양상추를 깔고 그 위에 스파게티를 곰돌이 얼굴 모양으로 담아요.

2 곰돌이의 눈, 코, 입, 귀는 치즈와 김을 오려 만들어요. 방울토마토를 반으로 잘라 양 볼을 표현해요.

1

2

토끼 간호사 

세상의 모든 아이들이 병원에 가는 것을 정말 싫어하지요.

물론 어른이라고 병원에 가는 것을 좋아하는지 않지만요.

병원에 들어서기만 해도 울고불고하는 통에 정신을 쏙 빼놓지요.

큰아이는 초등학생인데도 여전히 바짝 긴장하더라고요.

항상 손을 자주 닦으라는 잔소리 대신 요리 데코로 꾸며봤어요.

오이로 만든 주사기를 보더니 깔깔깔!

주사기에 대한 두려움이 조금은 사라졌겠지요?

흰밥
카레
슬라이스 햄
파프리카(빨간색)
슬라이스 치즈(흰색)
김
오이
파스타 면

1 흰밥을 따뜻할 때 랩으로 싸서 토끼의 얼굴과 귀, 팔을 만들어요.

2 그릇에 카레(레시피 11쪽)를 담고 토끼 주먹밥을 올려요. 간호사의 얼굴과 모자는 햄과 빨간색 파프리카, 치즈로 만들어요.

3 간호사의 옷은 빨간색 파프리카를 4등분해서 반으로 잘라 만들고 무늬는 김으로 장식해요.

4 주사기는 오이로 만들어요. 주사기에서 나오는 약은 치즈를 빨대로 찍어 만들어요. 주사기 바늘은 파스타 면으로 만들어요.

고마워, 아들! 

아이가 둘 이상인 엄마라면 첫째가 얼마나 고마운지 공감하실 거예요.

저와 손발이 척척 맞는 큰아이는 동생이 태어난 순간부터 옆에서 동생의 육아에 동참했지요.

정말 기특하고 예뻐서 어떻게 말로 표현할 수가 없답니다.

간간이 질투도 하긴 하지만 늘 엄마를 도와주려는 의젓한 큰아이를 보면

고마우면서도 미안한 마음이 들어요.

"큰 힘이 되어줘서 고마워, 아들! 앞으로도 잘 부탁할게!"

흰밥
간장
피자 치즈
피망(초록색)
파프리카(빨간색 · 노란색)
김
슬라이스 치즈(흰색)
맛살
콘부(다시마)
달걀노른자
단호박
당근
버섯

TIP

하나, 저는 요리 데코가 익숙해서 세세하게 표현하지만 처음 도전하시는 분이라면 가능한 부분까지만 하면 좋아요. 너무 처음부터 욕심을 내면 쉽게 지치거든요.

둘, 아이와 엄마의 머리카락은 둘 다 콘부(다시마)나 달걀노른자 지단으로 통일해도 됩니다.

1 흰밥에 간장과 피자 치즈를 넣고 섞어 주먹밥으로 큰아이와 엄마 얼굴, 동생을 만들어요.

2 아이의 몸은 초록색 피망, 엄마는 노란색 파프리카를 4등분해서 반으로 잘라 만들고 김과 치즈, 맛살로 눈, 코, 입과 모자, 앞치마 등을 만들어요.

3 아이의 머리카락은 콘부(다시마)로 만들고 엄마는 달걀노른자 지단으로 꾸며요.

4 흰색 치즈 2장으로 테이블을 만든 다음 단호박 껍질을 얇게 썰어 도마와 칼을 만들어요. 도마 위에는 당근을 썰어 올리고, 김과 치즈로 냄비를 만들고 장작불은 버섯과 빨간색 파프리카로 만들어요.

1

2

4

쿨쿨 잠꾸러기 곰돌이 LOVE

고로케의 정식 명칭은 크로케예요.

그런데 왠지 크로케 하면 우리가 어렸을 때 먹었던 고로케 같지 않아요.

큰아이가 고로케를 진짜 좋아해요. 도시락에 빠질 수 없는 단골 메뉴이기도 해요.

저는 감자에 냉장고에 있는 야채를 다져 넣곤 해요.

특히 아이가 잘 먹지 않는 야채 위주로 만들어요. 이 요리 데코는 매일 저녁 늦게까지

학원 다니느라 피곤한 아이에게 늦잠을 재우고 싶은 마음을 담았어요.

양배추
달걀
감자 고로케
통조림 옥수수
김
슬라이스 치즈(노란색)
슬라이스 햄
토마토케첩

TIP

엄마 곰의 얼굴과 귀를 연결할 때는 파스타 면으로 고정하세요. 하지만 아이가 먹을 때 날카로워서 위험할 수 있으니 반드시 뺀 다음 먹이도록 하세요.

1 양배추를 채 썰어 접시에 깔아요.

2 달걀을 풀어 약한 불로 달군 프라이팬에 익힌 다음, 반을 접어 이불을 만들어요.

3 감자 고로케(레시피 12쪽)로 엄마 곰의 얼굴과 손, 아기 곰의 얼굴 3개를 만들어요.

4 아기 곰의 귀는 옥수수로, 아기 곰의 얼굴은 김과 치즈로 만들어요. 햄을 오리고 토마토케첩으로 'LOVE'를 써서 이불 위에 올려요.

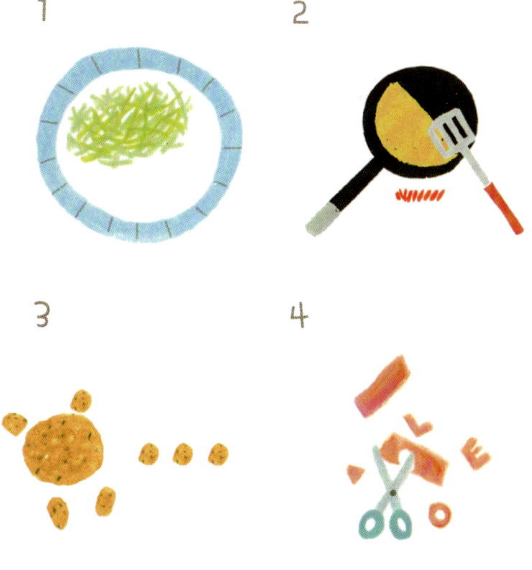

붕붕 자동차 

햇살 좋은 날, 룰루랄라 드라이브를 하면 정말 좋을 텐데요.
'엄마도 놀러 가고 싶어!'라는 사심을 가득 담아 만든 피자예요.
가족 모두 피자를 좋아해서 자주 만들어 먹다 보니,
냉장고에 항상 피자 도우와 토마토소스가 준비되어 있어요.
토핑은 냉장고에 있는 재료를 활용하는데 아이들이 잘 먹지 않는 재료를 올려도 잘 먹더라고요.
아이와 함께 피자 도우를 잘라 다양한 모양으로 만들 수 있어 가격 대비 활용도도 굿굿!
다음에는 로켓을 만들어달라고 하는데, 점점 고난이도를 요구해서 큰일이에요.

감자
김
슬라이스 치즈(흰색)
슬라이스 햄
피자 도우
(또는 토르티야)
토마토소스
당근
오이
피망(빨간색 · 초록색)

TIP

피자 도우를 직접 만들어
도 좋지만 시판 토르티야
를 사용하면 간편해요.

1 감자를 삶아 식힌 다음 뜨거울 때 으깨 엄마 곰
과 아기 곰의 얼굴과 귀를 만들어요. 곰의 눈과
코, 입은 김과 치즈로, 볼은 햄으로 만들어요.

2 자동차 모양으로 피자 도우를 잘라요. 자동차에
토마토소스를 바르고, 바퀴는 당근과 오이를 얇
게 썰어서 올려요. 빨간색 피망으로 라이트를,
초록색 피망으로 자동차를 꾸며요.

3 가로수는 오이를 세로로 얇게 썰어 만들고, 해님
은 당근으로 표현해요.

1

2, 3

풀 먹는 아기 양 

정신없는 아침, 뭘 만들어줄까 고민될 때는 카레!

카레가 준비되어 있다면 5분 만에 뚝딱 만들 수 있는 데코예요.

사실 이 요리 데코는 제가 늦잠을 자서 부랴부랴 만들었던 거예요.

냉장고는 텅텅 비었고, 다행히 전날 먹고 남은 카레가 있어서

이렇게나마 준비할 수 있었답니다.

남은 음식도 다시 보자고요!

카레
양배추
흰밥
김
슬라이스 치즈(흰색·노란색)
샐러드 야채
당근
감자

TIP

하나, 전날 만들어둔 카
레를 다시 데울 때는 우
유를 조금 넣으면 맛이
한결 부드러워요.

둘, 아이가 먹는 카레는
야채를 넣을 때 작게 썰
어 넣어주세요.

1 그릇에 카레(레시피 11쪽)를 3분의 2 정도 담고,
아래에 양배추를 채썰어 깔아요.

2 양의 머리는 흰밥을 랩을 이용해 동그란 모양으
로 만들어 김으로 감싸듯 뭉쳐서 만들어요. 양의
몸은 흰밥을 그대로 담아요.

3 눈, 코, 입, 귀는 흰색 치즈와 김으로 만들고, 다
리는 노란색 치즈로 만들어요. 당근과 감자를 모
양틀로 찍어 야채와 함께 꽃을 만들어 장식해요.

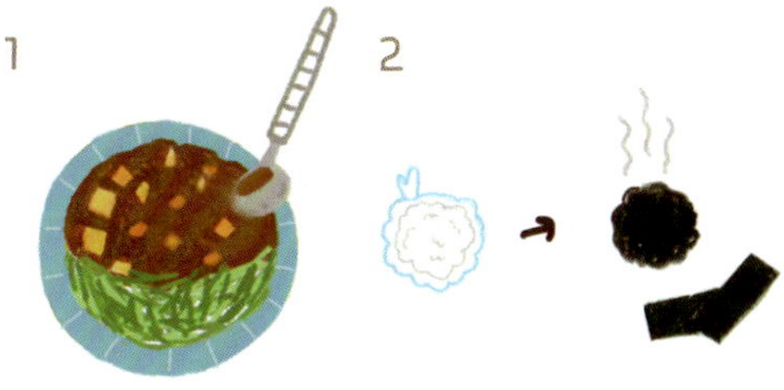

가면을 쓴 꼬마 너구리

주먹밥을 일본에서는 '오니기리'라고 해요. 오니기리 하나면 한 끼 식사로도 든든해요.

일본 사람들은 정말 오니기리를 좋아하는데, 일본 영화나 드라마를 봐도 언제나 등장하곤 해요.

처음 일본에 왔을 때는 적응이 잘 안 되었지만, 지금은 자주 만들어 먹어요.

오니기리 안에 큰아이가 좋아하는 불고기나 장조림을 종종 넣는데,

다양한 재료로 영양에 균형을 맞추면 든든하고 건강한 한 끼 식사가 될 거예요.

흰밥
간장
피자 치즈
참치 마요
돈가스(또는 튀김)
맛살
김
슬라이스 치즈(흰색 · 노란색)

TIP

치즈나 당근, 햄, 감자 등을 예쁘게 모양을 내고 싶을 때는 모양틀을 사용해요. 꽃 모양 외에도 다양한 모양이 있으니 잘만 활용하면 손쉽게 원하는 모양을 만들 수 있어요.

1 뜨거운 흰밥에 간장과 피자 치즈를 조금 넣고 섞어요. 주먹밥 안에 참치에 마요네즈를 넣고 버무린 참치 마요를 넣어요.

2 너구리 귀는 돈가스나 튀김으로 만들고 흰밥을 작게 뭉쳐 코를 만들어요. 볼은 맛살의 빨간 부분으로 표현해요.

3 너구리의 특징을 살려 김과 흰색 치즈로 눈과 코, 입을 만들고, 노란색 치즈를 꽃무늬 모양틀로 찍어 장식해요.

1   2, 3

생선 냠냠 고양이 

일본에 와서 자주 만들고 좋아하게 된 음식이 고로케예요.
저녁 준비를 해야 하는데, 냉장고에 아무것도 없을 때 후다닥 만들 수 있거든요.
감자만 있으면 남은 야채를 잘게 썰어 넣고 기름에 튀긴 다음
돈가스 소스를 쫘악 올려서 따뜻할 때 먹으면 최고예요. 가끔 치즈를 넣을 때도 있는데,
정말이지 너무 맛있어요. 고기 간 것을 살짝 양념해 볶아 넣으면 영양 만점이에요.
저는 고양이 얼굴을 자세히 만들었지만, 동물은 적당히 특징만 살려도
아이들이 정말 좋아해요. 이 요리 데코는 남편의 야식으로도 훌륭하지 않을까요.

감자 고로케
슬라이스 치즈(노란색)
다양한 색상의 어묵
김
기름에 튀긴 파스타 면
당근
샐러드
(양배추, 적양배추, 당근 등)
방울토마토
브로콜리

TIP

하나, 생선 가시를 어묵과 당근으로 표현했지만, 치즈나 감자 등 집에 있는 재료를 활용해도 좋아요.

둘, 당근을 요리 데코에 이용할 때는 살짝 데쳐요. 딱딱하면 아이들이 잘 먹지 못하더라고요.

1 고양이 얼굴과 귀는 감자 고로케(레시피 12쪽)로 만들어요. 귀는 노란색 치즈로, 눈과 코, 입은 색이 있는 어묵과 김으로 만들어요. 기름에 튀긴 파스타 면으로 수염을 만들어요.

2 생선의 머리와 꼬리는 당근으로, 몸통 가시는 흰색 어묵으로 만들어 기름에 튀긴 파스타 면으로 연결해요.

3 양배추와 적양배추, 당근 등을 채 썰어 샐러드를 만들어요. 방울토마토로 하트를 만들고 브로콜리를 삶아 곁들여요.

1

2

곰돌이와 돼지가 우동에 빠진 날

비가 엄청 내리는 날, 우동이 먹고 싶더라고요.

냉동시켜둔 새우튀김을 꺼내 튀겨서 우동에 올렸어요.

일본에서 새우튀김 우동은 아이들한테 1등 메뉴이기도 해요.

가장 중요한 건 파를 듬뿍 넣었다는 사실이에요. 우리 아이뿐만 아니라

보통 아이들이 파를 잘 안 먹잖아요. 저는 일본 라면이나 우동을 먹을 때 어마무시하게 파를 넣지만요.

아이가 처음에는 파를 골라내고 먹더니 이제는 적응했는지, 포기했는지 다 먹더라고요.

돼지랑 곰돌이를 만들어 재미있는 연출을 더했어요.

우동 면
새우튀김
어묵
유부
송송 썬 대파
삶은 달걀노른자
김
슬라이스 치즈(흰색)
감자
슬라이스 햄

일본에서는 흰살 생선으로 만든 가마보코라고 하는 어묵을 쉽게 구할 수 있지만, 한국에서는 구하기 쉽지 않을 거예요. 생략하거나 어묵을 대신 올려도 좋아요.

1 시판 우동 면을 끓여 우동을 만들어요. 우동에 새우튀김과 어묵, 유부, 송송 썬 대파를 올려요.

2 삶은 달걀의 노른자만 꺼내 돼지를 만드는데 눈과 코, 입은 김과 치즈로 만들어요. 감자를 삶아 뜨거울 때 으깨서 곰의 얼굴과 귀를 만들어요. 햄과 치즈, 김으로 얼굴을 표현해요.

용감한 닌자 거북이

우리 가족은 남편이나 저나 아이까지도 양배추를 정말 좋아해요.

고기도 먹고 영양 가득한 양배추도 듬뿍 먹을 수 있어 자주 만드는 메뉴랍니다.

한국에서는 토마토소스로 많이 만들지만, 일본에서는 콩소메라는 소스로 많이 만들어요.

콩소메는 맑은 고깃국물을 만든 수프의 일종인데, 수입 식품 전문점에서 구할 수 있어요.

양배추로 요리할 때면 초록빛의 닌자가 떠올라

추억 속 용감한 닌자 거북이를 만들어보았어요.

재료

햄버거 패티
양배추
콩소메
맛살
슬라이스 치즈(흰색)
김
달걀노른자 지단
당근

만드는 방법

1 익히지 않은 햄버거 패티(레시피 12쪽)를 살짝 데친 양배추 잎으로 감싸요. 콩소메 수프로 국물을 만든 다음 찜기에 넣고 쪄요.

2 적당히 익으면 꺼내어 접시에 담고, 맛살로 닌자의 가면을 만들어요. 달걀노른자 지단을 접시 하단에 놓고, 닌자 눈은 치즈와 양배추, 김으로 만들어요.

3 당근을 데쳐서 꽃 모양의 틀에 찍어 장식해요.

1

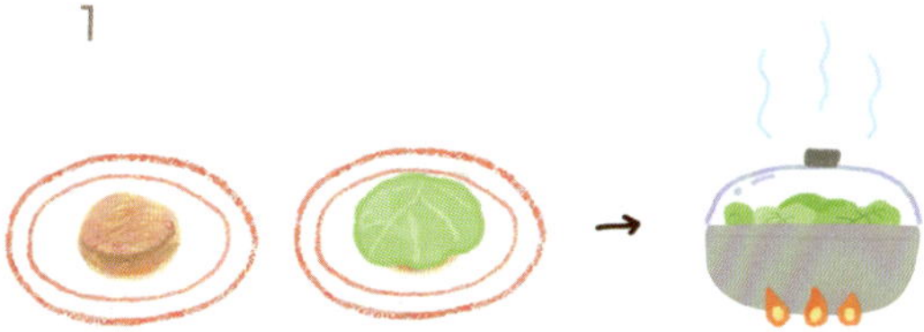

2, 3

부지런한 개미

집 마당에 사는 개미들이 이사하는 날이었나 봐요.

일렬로 쭈욱 현관 앞까지 새까맣게 걸어가는데, 저랑 아이는 너무 신기해서 한참을 구경했어요.

아이한테 개미들을 괴롭히지 말라고 말하고 아무리 작은 생명이라도 소중하다는 걸 가르치면서요.

그러고 나서 이 요리 데코를 만들었어요.

동물이나 어린이를 학대하는 기사를 보면 너무 마음이 아파요.

이렇게 가르치면 생명을 사랑하는 마음을 간직한 따뜻한 아이로 자랄 수 있지 않을까요.

식빵
슬라이스 햄
콘부(다시마)
슬라이스 치즈(흰색)
김
방울토마토
상추
흰밥
튀긴 파스타 면

1 얼굴은 식빵을 밀대로 밀어 밥공기 등으로 찍어
요. 접시에 식빵을 놓고 햄을 식빵 크기로 동그
랗게 잘라서 올려요.

2 머리카락은 콘부(다시마)로 만들고 눈썹, 눈, 코,
입은 김과 치즈로, 볼은 방울토마토를 잘라 표현
해요.

3 손은 햄으로 만들고 식빵의 갈색 가장자리로 나
무와 땅을, 상추와 방울토마토로 나무를 완성해요

4 개미는 흰밥을 한입 크기의 주먹밥으로 뭉쳐 김
으로 감싸요. 눈은 장식용을 사용하거나 치즈와
김으로 눈을 만들어 튀긴 파스타 면에 고정해요.
발은 치즈로 만들고 튀긴 파스타 면을 이어서
다리를 만들어요.

빨간 리본을 단 곰돌이 

한국에서는 무더운 여름에 냉면을 주로 먹지만, 일본에서는 소바를 즐겨 먹어요.

더운 날 야채와 고기를 함께 곁들여 먹으면 한 끼 식사로 제격이지요.

야채를 싫어하는 아이들도 잘 먹더라고요. 영양도 만점이고요!

소바 소스에 찍어 먹거나 국물을 만들어 국수처럼 먹어도 좋아요.

아. 매콤한 소스로 쓱싹 비벼 비빔국수를 만들어도 맛있답니다.

메밀 면
김
슬라이스 치즈(흰색)
파프리카(빨간색)
슬라이스 햄
당근
오이
샤브샤브용 돼지고기

TIP

하나, 메밀 면이 없으면 라면이나 비빔면, 소면으로 만들어도 좋아요.

둘, 소바를 적셔 먹는 소스는 시판 제품을 사서 물을 붓고 희석해서 만들거나 멸치로 국물을 내어 만들어요.

1 메밀 면을 삶아 물기를 빼고 그릇에 올려 곰돌이 얼굴을 만들어요. 눈과 코는 김과 치즈로 만들어요. 귀는 김으로, 리본과 머리 장식은 빨간색 파프리카를 작게 잘라 꾸며요.

2 당근과 햄, 오이를 채 썰어 넓게 펼쳐 담아요.

3 샤브샤브용 돼지고기를 데쳐서 올려요.

앙증 깜찍 곰 세 마리 

감자 샌드위치는 어릴 적 어머니가 아침 식사로 자주 만들어주신 요리예요.

감자가 듬뿍 들어간 샌드위치는 그야말로 영양 만점이지요!

저는 아이를 위해 만들기도 하지만, 멀리 타지에 와 있어 어머니가 생각날 때 종종 만들기도 해요.

피자를 주문했을 때 남은 피클과 볶음밥을 하고 남은 햄을 조금 넣었더니

그 조합이 엄지척 할 만큼 훌륭해요. 향이 강해서인지 피클을 잘 먹지 않던 아이도

감자 샌드위치는 두 개나 뚝딱 먹어치웠답니다!

감자
오이 피클
햄
모닝빵
양상추
슬라이스 치즈(흰색)
초코 펜
식빵

TIP

요리 데코를 처음 해보
시는 분들은 초코 펜을
이용하면 동물이나 사람
의 눈, 코, 입을 손쉽게
그릴 수 있어요.

1 먼저 감자 샌드위치를 만들어요. 감자는 껍질을
벗기고 4등분해서 냄비에 물을 반 정도 부은 다
음, 소금 약간을 넣고 푹 삶아 물기를 빼요. 삶은
감자를 뜨거울 때 으깨요.

2 오이 피클과 햄을 잘게 썰어 으깬 감자에 넣고 섞
어요.

3 모닝빵은 끝을 조금 남기고 반으로 잘라요. 그
안에 양상추를 깔고, 으깬 감자와 치즈를 올려요.

4 모닝빵에 초코 펜으로 눈을 그리고 치즈와 초코
펜으로 코를 만들어요. 귀는 식빵의 갈색 가장자
리를 돌돌 말아 이쑤시개로 고정해요.

한국 안녕!

결혼해서 일본 교토에서 사는 저는

한국에 갔다 돌아오는 비행기에서 자주 울곤 했어요. 이제는 큰아이도 저를 따라 같이 울어요.

부모님을 자주 찾아 뵙지 못하는 죄송스러운 마음에 헤어질 때면

폭풍 눈물을 흘리는 저를 보고 아이도 닭똥 같은 눈물을 뚝뚝 흘리며 대성통곡을 하더라고요.

그렇게 교토로 돌아온 다음 날 아침, 저와 아이가 마음을 추스르기 위해 만든 요리 데코예요.

비록 멀리 떨어져 있지만, 열심히 살아가는 모습을 보여드리는 것이 효도다 생각하며

열심히! 예쁘게! 살려고 노력합니다. 가족과 떨어져 타지에서 살고 있는 모든 분께 파이팅을 외쳐봅니다!

식빵
슬라이스 햄
슬라이스 치즈(흰색)
김
피망(초록색)
색종이(빨간색 · 파란색)
달걀
하트 모양 데코

TIP

식재료로 표현하기 어려울 때는 주변에 흔한 색종이나 데코 용품을 활용하면 좋아요.

1 식빵의 가장자리를 자르고 밀대로 밀어 비행기 모양으로 잘라요. 햄과 치즈, 김으로 울고 있는 아이와 비행기를 꾸며요.

2 비행기 날개는 피망으로 만들고, 태극 모양은 색종이를 이용해요.

3 구름은 식빵의 갈색 가장자리를 밀대로 밀어 자르고, 달걀로 스크램블 에그를 만들어 표현했어요. 하트 모양의 데코를 올려요.

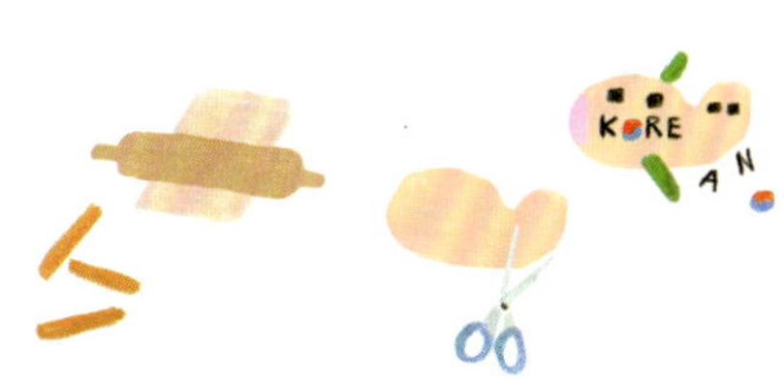

원숭이 하면 바나나!

가츠오부시는 일본의 모든 집 부엌에 있을 만큼 자주 요리에 이용하는 재료예요.

가츠오부시로 뭘 만들어볼까 생각하다가 원숭이가 떠올랐어요.

저는 집에 있는 재료로 무엇을 만들까 고민할 때가 가장 신나는 거 같아요.

원숭이 하면 바나나! 게다가 먹다 남은 카레를 곁들였더니 멋진 장면이 연출되었어요.

어떤가요? 만들고 나니 꽤 근사한데요.

흰밥
가츠오부시
카레
슬라이스 치즈(흰색)
김
토마토케첩
달걀노른자
브로콜리
식빵

1 흰밥으로 원숭이의 얼굴과 몸, 다리를 주먹밥으로 만들고 가츠오부시를 붙여 원숭이 털처럼 표현해요.

2 카레(레시피 11쪽)를 만들어 원숭이 옆에 담아요.

3 원숭이 얼굴은 치즈와 김, 토마토케첩으로 만들어요. 귀는 햄과 치즈로 만들어 이쑤시개로 고정해요.

4 달걀노른자를 프라이해서 바나나 껍질 모양으로 잘라 돌돌 만 다음, 그 안에 흰밥을 넣어 바나나를 만들어요. 데친 브로콜리와 식빵 가장자리로 나무를 만들어요.

1

2, 3　　　　4

곰돌이 푸와 호랑이 티커

아이가 가장 좋아하는 캐릭터라서 자주 만들곤 하는데,

따뜻하게 익은 햄버거 패티에 치즈를 올릴 때가 가장 중요한 포인트예요.

지금도 자주 실패하는 부분이기도 해요.

여러 가지 방법을 시도해본 끝에 실수를 줄이는 방법을 찾았어요.

햄버거 패티가 다 익으면 불을 끈 상태에서 슬라이스 치즈를 올리고 뚜껑을 덮어주세요.

치즈가 서서히 녹으면서 예쁘게 싸악 붙는답니다.

맛있는 고기와 치즈의 조화는 환상적인 맛이에요!

햄버거 패티
슬라이스 치즈(흰색 · 노란색)
김
흰밥
토마토케첩
방울토마토
식빵
잎채소
통조림 옥수수
자두

1 햄버거 패티(레시피 12쪽)를 만들고 패티가 익으면 노란색 치즈를 얹고 뚜껑을 덮어요. 치즈가 녹으면 패티를 감싸 푸 얼굴을 만들어요. 두 귀도 같은 방법으로 만들어요.

2 김을 오려 푸의 눈썹, 코, 입을 만들어요. 티거 얼굴은 흰밥에 토마토케첩을 섞어 색을 내고 흰밥과 함께 길쭉하게 모양을 잡아요. 눈은 흰색 치즈와 김으로, 코는 방울토마토로, 귀는 흰색 치즈로, 입은 김과 토마토케첩으로 만들어요.

3 식빵 가장자리로 나무를 만들고 잎채소로 나뭇잎을, 열매는 옥수수로 만들어요. 나무 아래는 자두를 잘라 꾸며요.

풀밭의 양 떼  

일본에서는 소면을 '소바'라고 부르는데, 어느 집이나 자주 해먹는 요리예요.

소바를 접시에 담고 보니 새하얀 양이 생각나서 뚝딱 만들어보았어요.

소면은 수분이 많아서 김을 올리면 금세 눅눅해지니까

아이들이 식탁에 앉기 전에 후다닥 올려야 해요!

정말 간단하게 만들 수 있고, 아이들도 잘 먹어서 한 끼 식사로 좋아요.

무더운 여름에 시원한 양들과의 식사는 어떤가요?

소면
소금
대파
김
슬라이스 치즈(흰색)

TIP

소바를 적셔 먹는 국물
은 쯔유라는 일본에서
파는 간장에 물을 붓고
희석해서 만들면 편리해
요. 집에서 만들 때는 물
에 멸치와 다시마를 넣
고 끓이다가 가츠오부시
를 넣고 불을 끈 다음 뚜
껑을 덮고 5분 뒤 고운
체에 걸러 국물을 받아
사용하면 맛있어요.

1 끓는 물에 소금을 조금 넣고 소면을 삶아요. 거품을 내며 넘칠 듯 끓어오르면 찬물을 붓고 삶아요. 면이 익으면 찬물에 여러 번 헹구고 물기를 빼요.

2 접시에 소면을 4등분해서 담아요. 대파를 송송 썰어 풀을 표현해요.

3 양 얼굴과 다리는 김을 잘라 만들어요. 치즈와 김으로 눈과 입, 머리를 만들어요.

1

2
3

늦잠 자는 곰돌이

주말에 늦잠을 자는 아이를 표현해봤어요.

학교에 다니느라 피곤해하는 아이를 주말에는 실컷 재우거든요.

실컷 자고 일어나서 이 요리 데코를 보고는 "엄마! 이 곰돌이가 나야?" 하면서

한참을 깔깔 웃었답니다. 그러더니 "먼저 이불을 걷고!" 하면서 달걀 프라이를

쏙 먹었지요. 그다음에는 곰돌이와 카레를 마구 먹기 시작했어요.

엄마는 아이가 행복해하며 잘 먹는 모습을 보기 위해 오늘도 요리 데코를 만듭니다.

카레
흰밥
간장
피자 치즈
김
슬라이스 치즈(흰색)
방울토마토
달걀

1 카레(레시피 11쪽)를 만들어요.

2 따뜻한 흰밥에 간장을 섞어 곰돌이 얼굴을 만드는데, 피자 치즈를 넣고 랩으로 감싸서 주먹밥으로 만들어요.

3 곰돌이 귀와 코, 배를 치즈로 만들고, 김을 오려 얼굴을 만들어요. 볼은 방울토마토로 만들어요.

4 달걀을 풀어 소금으로 간한 다음 얇게 부쳐요. 사각으로 오려서 이불을 만들어 곰돌이를 덮어요. 카레를 올리고 치즈로 자는 모습과 구름을 표현해요.

2

4

단짝 친구 스누피와 찰리 브라운

강아지를 엄청 좋아하는 큰아이와 친정집 강아지 리체를 생각하며 만들었어요.

아침에 눈을 뜨자마자 달려가서 강아지를 껴안고 예뻐하는 모습을 보면 너무나 귀엽고 사랑스러워요.

이 요리 데코는 친정집 강아지랑 같은 강아지를 데려오자며

몇 살 때 약속을 지킬 거냐며 징징거리는 아들을 떠올리며 만들었어요.

저는 아이한테 강아지를 키울 수 있을 만큼 조금 더 크면 데려오자고 약속했어요.

흰밥
간장
달걀노른자
김
오이
식빵
하트 모양 데코

TIP

때로는 요리 데코의 음
식만으로는 영양이 불균
형할 수 있어요. 그럴 때
는 밥에 곁들일 반찬을
함께 준비해야 해요.

1 찰리 브라운의 얼굴은 흰밥을 동그랗고 납작하
게 만든 다음 간장을 살짝 발라 피부색을 표현
해요. 스누피의 머리와 몸은 흰밥으로 만들어요.

2 찰리 브라운의 웃옷과 신발은 달걀노른자를 부
쳐서 만들어요. 옷과 신발의 무늬는 김으로 만들
어요.

3 오이를 슬라이서로 길게 밀어 벤치를 만들고 식
빵 가장자리로 나무를 만들어요.

4 식빵을 밀대로 밀어 구름을 만들고, 하트 모양
의 데코로 장식해요.

야채를 좋아하는 사자

여름이 되면 일본에서는 냉라면도 자주 해먹어요.
라면에 다양한 야채를 토핑으로 올리면 영양도 만점!
요리하다 남은 재료를 활용해 뚝딱 만들 수 있는 요리이기도 해요.
김 한 장을 요리조리 오려서 사자 갈기로 꾸미면
야채를 편식하는 아이들도 흥미를 느끼겠지요?
아이들은 별거 아닌데도 동물이 들어가면 이렇게 좋아할 수가 없네요.

달걀
오이
햄
맛살
라면
김
슬라이스 치즈(흰색)
토마토케첩

앞에서도 설명했듯이 소
바를 적셔 먹는 국물은
쯔유라는 일본에서 파는
간장에 물을 붓고 희석
해서 만들면 편리해요.
집에서 만들 때는 물에
멸치와 다시마를 넣고
끓이다가 가츠오부시를
넣고 불을 끈 다음 뚜껑
을 덮고 5분 뒤 고운 체
에 걸러 국물을 받아 사
용하면 맛있어요.

1 먼저 토핑을 만들어요. 달걀로 지단을 만들고 오
이와 햄은 길게 썰고, 맛살은 길게 찢어요.

2 라면을 삶아 물기를 뺀 다음 접시에 올리고 오
이를 먹기 좋게 썰어 라면을 감싸듯이 장식해요.

3 사자 갈기와 눈, 코는 김과 치즈로 만들어요. 토
마토케첩으로 볼을 표현하고 김을 가늘게 오려
수염을 만들어요. 면을 적셔 먹을 국물을 곁들
여요.

1

2

3

비 오는 날의 등교

아침부터 비가 많이 내리는 날에는 아이들 등하교가 큰 걱정이지요,
혹시나 비를 맞아서 감기에 걸리지는 않을까, 빗길에 미끄러지지는 않을까
걱정하는 엄마의 마음을 아는지 모르는지 비 온다며
우산이랑 장화부터 찾는 아이를 보며 만든 요리 데코예요,
만드는 내내 걱정을 잠시 잊고 아이와 함께
빗물 웅덩이를 첨벙첨벙 뛰어다니는 기분이 들더라고요,
기회가 되면 꼭 한 번 아이와 손 잡고 해봐야겠어요!

달걀
흰밥
당근
바나나
식용색소(파란색)
식빵
초코 크림
간장
피자 치즈
김
슬라이스 치즈(흰색)
맛살
슬라이스 햄
무

TIP

앞에서도 설명했듯이 빗
방울을 섬세하게 표현
할 때는 이쑤시개로 슬
라이스 치즈를 콕콕 찍
어 모양을 만드세요.

1 달걀을 얇게 부쳐 자동차를 만들어요. 자동차 문을 오려낸 것으로 바퀴를 만드는데, 당근과 바나나를 얇게 썰어 올려요.

2 흰밥에 파란색 식용색소를 넣고 섞어 왼쪽 강아지를 만들어요. 가운데 강아지는 식빵을 오려 만들고 얼굴에 초코 크림을 발라요. 오른쪽 강아지는 흰밥에 간장과 피자 치즈를 섞어 얼굴과 몸을 만들어요.

3 강아지 세 마리의 귀와 눈, 코, 입은 치즈와 김으로 익살스럽게 표현해요.

4 강아지가 입은 옷의 줄무늬는 맛살로 만들어요. 우산은 햄으로, 빗방울은 치즈로 만들어요.

5 첨벙첨벙 빗물 웅덩이는 무를 슬라이서로 밀어서 표현해요.

귀여운 버섯돌이

버섯을 잘 먹지 않는 아이를 위해 만든 귀여운 버섯돌이 카레예요.

사실 전날 먹고 남은 카레를 활용했어요.

카레는 만든 날보다 다음 날 다시 데워 먹어도 맛있지요.

한번 만들 때 양을 조금 넉넉하게 해서 한 번 먹을 분량씩 냉동 보관하기도 해요.

만약을 대비한 우리집 비상식량이랍니다.

흰밥
토마토케첩
카레
슬라이스 치즈(흰색)
김
당근

TIP

당근으로 만든 꽃은 꽃
모양의 틀을 이용하면
손쉽게 만들 수 있어요.

1 흰밥에 토마토케첩을 넣고 섞어 만든 붉은색 밥
으로 버섯의 갓을 만들고 흰밥을 동그랗게 뭉쳐
서 버섯 얼굴을 만들어요.

2 그릇에 카레(레시피 11쪽)를 담고 버섯 밥을 올려
요. 빨대로 치즈를 찍어 동그라미를 만들어 버섯
갓에 붙이고 눈, 코, 입은 김으로 만들어요. 볼은
당근을 빨대로 찍어 동그라미를 만들어 붙여요.
당근으로 만든 꽃으로 장식해요.

1

2

젖소가 음매! 

아이가 가장 먼저 먹은 건 빵이 아니라 딸기랍니다.

저를 닮아 아이들도 딸기를 엄청 좋아하거든요.

이 요리 데코의 젖소 식빵은 아이한테 보여준 다음,

토스터에 살짝 구워서 잼을 듬뿍 발라 먹었어요.

추운 겨울 아침, 따끈따끈한 수프와 함께 먹으면 하루 종일 속이 든든하답니다.

식빵
김
슬라이스 치즈(흰색)
슬라이스 햄
딸기
야채
그래놀라 시리얼

TIP

딸기가 없을 때는 냉장
고에 있는 과일을 활용
하면 좋아요. 딸기 대신
방울토마토로 열매를 표
현해도 썩 잘 어울려요.

1 식빵을 반으로 자르고 김을 잘라 젖소의 얼룩무
늬를 표현해요. 젖소의 얼굴은 치즈와 햄, 김으
로 만들어요.

2 식빵의 가장자리로 나무를 표현하고 열매는 딸
기로, 잎은 야채로 만들어요. 그래놀라 시리얼로
땅을 표현했어요.

토토로~ 토로로!

스팸을 안 좋아하는 아이가 있을까요? 저 역시 스팸을 좋아해요.

스팸만 있으면 스팸 스시도, 부대찌개도, 볶음밥도 뚝딱 만들 수 있어요.

이번에는 아이를 위해 스팸 스시를 만들었어요.

스팸이 워낙 짭짤하기 때문에 밥에 아무것도 넣지 않았어요.

아이와 함께 열 번도 더 본 <토토로>를 생각하며 만들었는데,

글쎄 저는 하나도 안 주고 혼자서만 맛있게 냠냠 먹지 뭐예요.

잘 먹는 아이를 보면 저는 그저 뿌듯하고 고마울 따름이죠.

흰밥
스팸
김
슬라이스 치즈(흰색)
피망(초록색)

TIP

김으로 스팸과 밥을 연결하면 떨어지지 않을까 걱정되지만, 생각보다 힘이 있어서 잘 떨어지지 않아요.

1 흰밥으로 한입 크기의 주먹밥을 만들어요. 스팸을 얇게 썰어 노릇하게 구운 다음 가위로 토토로 모양으로 잘라요.

2 밥 위에 스팸을 올리고 김을 길고 가늘게 잘라 스팸과 밥을 연결해주는 느낌으로 말아요. 토토로의 얼굴과 입, 배는 치즈와 김으로 만들고 피망을 나뭇잎 모양으로 잘라 머리에 올려요.

1

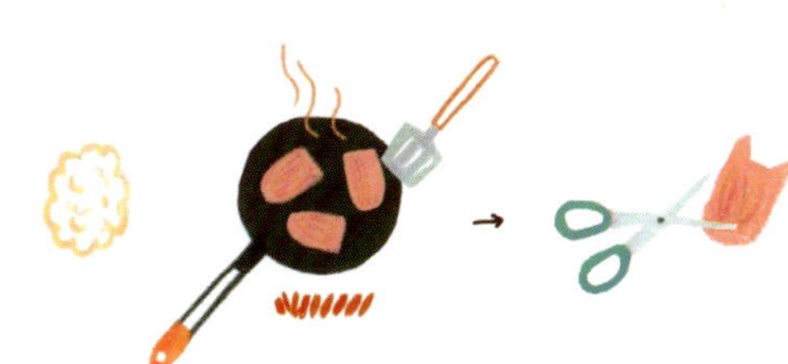

2

날아라 병아리

냉장고가 텅텅 비어 아무것도 먹을 게 없는 날이 있잖아요.

그래도 냉장고에 달걀만큼은 항상 자리를 지키고 있지요.

바쁜 아침 학교에 가는 아이한테 간단하게 만들어줄 수 있는

예쁜 삐악삐악 병아리 스시는 어떤가요?

아이들은 따끈한 달걀말이 하나만 있어도 좋아하잖아요. 그래서 준비했어요.

달걀말이 병아리 스시랍니다. 외출 준비를 하거나 바쁜 아침에

하나씩 쏘옥 먹으면 눈도, 입도 즐거운 아침 식사 끝!

흰밥
달걀
김
당근

1 흰밥을 한입 크기의 주먹밥으로 만들어요.

2 달걀로 달걀말이(레시피 11쪽)를 만들어 주먹밥 크기로 잘라요. 김을 길고 가늘게 잘라 밥과 달걀말이를 연결하는 느낌으로 말아요.

3 김과 당근으로 병아리의 얼굴을 표현해요.

1

2

3

돌고래야, 또 만나!

가족들과 함께 괌으로 여행을 갔던 적이 있어요.

우리는 돌고래와칭을 구경하러 바다로 나갔어요.

정말 운이 좋게도 여러 마리의 돌고래를 봤지 뭐예요.

돌고래들이 바닷속을 헤엄치고 점프하는 모습을 보고 아이는 신이 나서 소리를 질렀어요.

또다시 언제 여행을 갈지 모르겠지만, 아이들과 추억을 남기고 싶은 마음을 담아 만들었답니다.

이 요리 데코를 보고 아이도 다시 괌에 꼬옥 가고 싶다고 말하네요.

흰밥
간장
검은깨
슬라이스 치즈(흰색)
김
맛살
오이
당근
비엔나 소시지
데코용 국기

TIP

대부분의 아이들이 야채를 잘 안 먹잖아요. 그래서 저는 요리 데코를 할 때 야채를 많이 활용하려 해요. 당근도 이렇게 물고기를 만들면 호기심에 잘 먹더라고요.

1 밥을 두 가지 색으로 준비해요. 흰밥에 간장을 넣고 섞어 곰돌이 얼굴과 몸, 다리, 팔을 만들고 흰밥에 검은깨를 섞어 돌고래를 만들어요. 흰밥으로 돌고래의 배를 만들어요.

2 치즈와 김, 맛살을 잘라 곰돌이 얼굴과 돌고래의 눈과 이빨을 만들어요. 파도는 오이를 얇게 슬라이스해서 만들고 물고기는 데친 당근으로 만들어요.

3 비엔나 소시지의 아랫부분에 칼집을 내어 살짝 데쳐서 문어를 만들어요. 곰돌이가 들고 있는 국기는 데코용을 사용해요.

1988년 그리운 호돌이, 그리운 한국

드라마에서 88올림픽이 나왔는데, 아이가 물어보네요.

한국의 마스코트는 뭐였냐고요. 제가 호랑이라고 말하고 나서

대한민국은 국토도 호랑이처럼 생겼다고 알려주니 너무 즐거워했어요.

엄마네 나라에 관심이 많아진 우리 아이는 학교 숙제를 할 때도

친절하게 일본 국기와 한국 국기를 나란히 그리는 예쁜 마음을 가졌어요.

더 자세히 한국에 대해 알려주고 싶은 마음에 호돌이를 준비했답니다.

사실 종이에 호돌이를 몇 번이나 그려봤는지 몰라요.

팬케이크 가루
달걀
우유
당근
슬라이스 치즈(노란색)
김
튀긴 파스타 면
리본 테이프
시리얼(도넛 모양)
별사탕
콘플레이크

1 시판 팬케이크 가루에 달걀과 우유, 강판에 간 당근을 넣어 주황색으로 반죽해요.

2 반죽을 달군 프라이팬에 올려 노릇하게 구운 다음 호돌이 모양으로 만들어요.

3 호돌이 얼굴과 눈, 코, 털은 치즈와 김으로 만들고 튀긴 파스파 면으로 수염을 붙여요. 호돌이가 머리에 쓴 상모는 치즈와 김으로 만들고 리본 테이프를 붙여요.

4 숫자 19는 치즈로 만들고 숫자 88은 시리얼로 만들어요. 별사탕으로 장식하고 콘플레이크로 땅을 표현해요.

엄마의 꼼수
요리 데코

공부가 가장 싫어요! 

이 세상에 공부를 좋아하는 아이가 있을까요? 그럼 공부를 좋아하는 어른은 있을까요?

저는 어른이 되니까 시험을 안 봐서 참 좋았어요.

아이가 아직 어리니까 공부까지는 아니더라도 뭘 좀 가르치려고 하면

무슨 핑계가 그리도 많은지, 아이와 실랑이를 하다 보면 나중에는 웃음만 나와요.

더 크면 하기 싫은 것도 해야 한다는 걸 알게 되겠죠?

공부는 그때 열심히 하면 될 거예요, 지금은 모든 엄마가 말하듯

열심히 먹고 놀고 잘 자라주는 것만으로도 너무나 감사해요.

슬라이스 햄
흰밥
간장
피자 치즈
식빵
김
슬라이스 치즈(노란색)
맛살
별사탕

요리 데코를 하면서 아무래도 영양적으로 부족하지 않을까 신경 쓰일 때가 많아요. 저는 그럴 때 야채를 듬뿍 넣은 카레를 자주 만들어요.

1 햄을 반으로 잘라 책상을 만들어요.

2 아이 얼굴과 팔은 흰밥에 간장 조금과 피자 치즈를 넣고 버무려서 만들어요. 스누피의 얼굴은 식빵을 밀대로 밀어 만들어요.

3 아이의 얼굴과 옷, 스누피 얼굴은 김과 치즈로 만들어요. 연필은 맛살로 만들고 종이와 컵은 식빵을 밀대로 밀어서 만들어요. 별사탕으로 접시를 장식해요.

1

3

똑딱똑딱 시계 보기 

큰아이는 초등학교에 입학하고 나서 시계 공부를 시작했어요.

요리 데코로 시계를 만들어 시간에 대한 공부를 해보면 어떨까요?

밥을 먹을 때 시간에 맞추어서요.

시계의 숫자나 눈금판은 미리 오려두면 시간을 절약할 수 있어요.

주변에서 숫자가 있는 알람 시계가 있어야 아이가 스스로 시계 볼 줄도 알고 알람에 맞춰

학교 갈 준비도 한다고 해서 아이한테 알람 시계를 선물했어요.

학교에서 배우기도 하지만 혼자서 시간을 아는 걸 보면 신기해서 웃음이 자꾸 나와요.

재료

식용색소(파란색)
파프리카(노란색 · 빨간색)
김
슬라이스 치즈(흰색)
어묵
흰밥
간장
피자 치즈
슬라이스 햄
맛살
달걀노른자 지단

TIP

시계를 만드는 파란색 식용색소를 구하기 번거로우면 시금치 가루나 카레 가루를 이용해 다른 색깔로 만들어도 좋아요.

만드는 방법

1 시계는 흰밥에 파란색 식용색소를 섞어서 만들어요. 시곗바늘은 움직일 수 있게 파프리카로 만들고, 시계의 얼굴과 숫자, 눈금판은 김으로 만들어요.

2 시계의 알람과 손, 다리는 어묵과 치즈, 김으로 만들어요.

3 여자아이의 얼굴과 팔다리는 흰밥에 간장과 피자 치즈를 섞어 만들어요.

4 여자아이의 치마는 햄으로, 신발은 맛살로, 머리는 달걀노른자 지단으로 부쳐 만들어요. 얼굴은 맛살과 치즈, 김으로 만들어요.

1

2

3

4

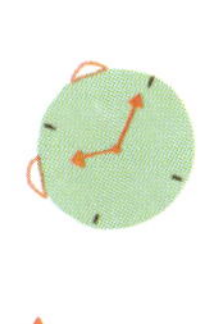

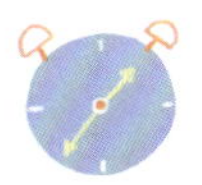

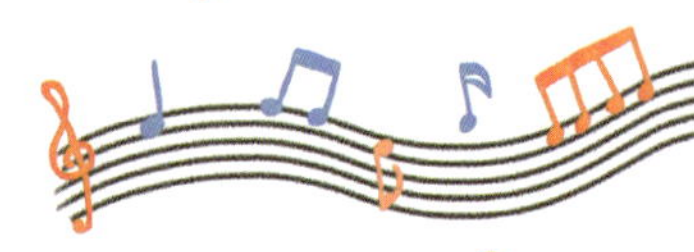

도레미파솔~ 피아노 수업

아이가 유치원이나 학교에 들어가면 방과 후 수업이 늘어나지요.

시어머니가 피아노 선생님인데, 피아노에 관심이 없던 아이가

친구들이 배우는 걸 보고 흥미가 생겼나 봐요. 딸이면 더 좋아하지 않았을까 생각하면서 준비했어요.

햄과 오이로 만든 꽃은 아이에게 인기 만점이에요.

사실 아이가 오이를 잘 안 먹는데, 이날은 너무 잘 먹었어요. 저는 햄하고 오이밖에 없어서

이 두 가지로 데코했지만 다양한 야채를 이용해도 좋아요. 입도 눈도 즐거운 식사 시간이랍니다.

샌드위치용 식빵
김
슬라이스 치즈(흰색)
슬라이스 햄
오이
비엔나 소시지
당근

TIP

냉장고에 있는 다양한 야채를 활용해보세요. 당근이나 상추, 치커리로 꽃을 만들어도 예뻐요. 요리 데코는 집에 있는 재료를 활용해서 자유롭게 만들면 돼요. 저는 단지 하나의 의견만 제시할 뿐이에요.

1 피아노 모양은 샌드위치용 식빵을 오려서 만들어요. 피아노 건반은 치즈에 김을 올려 만들어요.

2 햄은 길게 썰고, 오이는 슬라이서로 밀어 돌돌 말아 꽃 모양으로 만들어요.

3 신발은 비엔나 소시지를 칼로 파서 만들어요. 당근을 데쳐 칼을 이용해 음표를 만들어요.

123

엄마에게도 커피 타임을! 

이 요리 데코를 만든 날, 저는 아들에게 작은 메시지를 보냈어요.

우리 엄마들도 식구들이 모두 외출하면 혼자만의 시간이 필요하잖아요.

그래서 엄마도 오늘은 자유 시간을 보내고 싶다는 메시지를 담아 요리 데코를 만들었어요.

그런데 아이가 이걸 보자마자 "엄마, 왜 여기에 카페라고 써 있어?" 하고 묻는 거예요.

저는 웃으면서 "오늘은 엄마가 카페에 가고 싶어서…"라고 말했어요.

둘째가 태어난 이후로 더 자유 시간이 없지만

아이들이 쑥쑥 크고 나면 우리 엄마들한테도 봄날이 오겠죠!

식빵
슬라이스 햄
초코 치즈
슬라이스 치즈(흰색)
김
깻잎
버섯 모양 과자
시리얼
초코 펜(연두색 · 갈색)
별사탕

1. 식빵으로 집 모양을 만들어요. 집의 지붕은 초코 치즈와 햄으로 만들어요. 맨 위의 지붕은 식빵의 가장자리로 만들고 지붕의 커피잔은 치즈 위에 김을 붙여 만들어요.

2. 울타리와 벽돌은 식빵 가장자리로 만들고, 깻잎 위에 버섯 모양 과자와 울타리를 놓고 시리얼로 땅을 표현했어요.

3. 갈색 초코 펜으로 창문을 장식하고 연두색 초코 펜으로 CAFE 글씨를 써요. 별사탕으로 접시를 장식해요.

1

2, 3

매콤 새콤 피에로

한국 라면을 좋아하는 아이가 처음으로 비빔면에 도전했어요. 이날은 정말 난리가 났어요.

비빔면 한입에 피에로 얼굴 밥 한입, 이렇게 고생하며 처음 맛본 비빔면을

당분간은 다시는 해달라고 하지 않을지도 몰라요.

이렇게 매운 음식에 도전하지 않으면 먹어볼 기회가 없을 것 같아서 이 요리 데코를 생각해냈어요.

외국에서 살아서 그런지 아이는 매운 음식을 정말 무서워해요.

그래도 짜장면은 한두 번 먹어보고 나서 참 좋아해요. 비빔면도 먹다 보면 익숙해지겠죠?

피에로는 파프리카나 당근, 오이를 이용해 만들었는데, 먹을 때는 너무 커서 작게 잘라주었어요.

흰밥
김
슬라이스 치즈(흰색)
방울토마토
당근
인스턴트 비빔면
상추
오이
파프리카(빨간색)
슬라이스 햄
젤리

TIP

저는 볼을 당근으로 만
들었지만, 토마토케첩을
바르면 간편해요.

1 피에로 얼굴은 흰밥으로 동그랗게 만들어요. 눈
과 입은 치즈와 김으로, 코는 방울토마토를 반으
로 잘라서 만들어요. 볼은 당근으로 만들어요.

2 인스턴트 비빔면을 만들어 머리카락을 만들고
모자는 상추와 당근, 오이로 만들어요.

3 피에로가 입은 윗옷은 파프리카를 4등분해 반으
로 자르고 소매를 달고 치즈와 김으로 장식해요.
바지는 당근으로, 두 손은 햄으로, 신발은 오이
로 만들어요. 공은 동그란 젤리로 장식해요.

1
2

3

너희의 꿈을 응원해

아이가 축구 클럽에서 활동하는데 시합에서 1등을 했어요.

3년 만에 처음으로 1등을 해낸 아이와 팀원을 보고 우리 부부는 얼마나 기뻤는지 몰라요.

저도 모르게 눈에서 눈물이 주르륵~ 축구 연습을 하는

아이들을 보면서 언제 저렇게 큰 건지 생각하면 너무나 대견하고 고마워요.

자신이 좋아하는 것을 열심히 해내는 아이들에게 응원의 박수를 보내고 싶어요.

"언제나 널 응원할게, 파이팅!"

흰밥
간장
피자 치즈
김
콘부(다시마)
감자
슬라이스 치즈(흰색)
가지
단팥
당근
장식용 갈런드

1 아이 얼굴은 흰밥에 간장과 피자 치즈를 넣고 섞어요. 눈, 코, 입은 김으로 만들고 머리는 콘부 (다시마)로 만들어요.

2 아이 몸은 찐 감자를 으깨서 만들고 바지와 벨트는 김과 치즈로 만들어요. 축구화는 요리하고 남은 가지로 만들고 손은 이쑤시개를 이용해 치즈를 오려서 만들어요.

3 축구공은 흰밥을 동그랗게 뭉친 다음 김을 잘라 붙였어요.

4 곰은 곱게 으깬 단팥을 동그랗게 뭉쳐 얼굴과 몸을 만들고 치즈와 김으로 눈과 코를 만들어요. 별은 당근으로 만들고 갈런드로 장식해요.

치카치카 이를 닦자!

아이가 이를 잘 닦지 않으려 해서 고민이에요. 어려서부터 사탕이나 초콜릿을
너무 많이 먹어 고생을 많이 했거든요. 아이들은 매일매일 양치질하는 게 얼마나 중요한지
치과에 가기 전까지는 절대 모르더라고요.
그래서 이 닦기 싫어하는 아이들을 위해 특별히 만들어봤어요. 충치 캐릭터는 아이가 쓰는 컵에서
아이디어를 얻었고요. 충치가 얼마나 무서운지 설명해주고 이를 잘 닦으면
치과에 가지 않아도 되고 아프지 않다는 것을 설명해주는 아침 식사 어떤가요?
다시 한번 이 닦기가 얼마나 중요한지 알게 될 거예요.

돼지고기 간 것

소고기 간 것

양파

소금

후춧가루

빵가루

슬라이스 치즈(흰색)

김

슬라이스 햄

흰밥

가마보코(일본식 어묵)

당근

양배추

하나, 고기 반죽을 익힐 때는 반드시 약한 불에서 뚜껑을 덮어야 해요. 센 불에 익히면 겉은 타고 속은 익지 않을 수도 있어요.

둘, 일본식 어묵인 가마보코가 없다면, 맛살이나 일반 어묵으로 만들어도 좋아요.

1 고기 반죽에 들어가는 양파 1/2개를 잘게 다져 프라이팬에 갈색을 띨 때까지 볶아요.

2 돼지고기와 소고기 간 것을 200g씩 넣고 섞은 다음 볶은 양파를 넣고 치대요. 소금과 후춧가루를 넣고 반죽의 상태를 보면서 빵가루를 넣고 반죽해요.

3 반죽을 치아 모양으로 만들고 약한 불에서 프라이팬의 뚜껑을 덮고 익혀요. 고기가 익으면 치즈를 올리고 다시 뚜껑을 덮고 녹여요. 그대로 식힌 다음 접시에 담아요.

4 치아의 눈과 입, 코는 치즈와 김, 햄으로 만들어요. 충치 있는 치아는 흰밥으로 모양을 만들고 치즈와 김으로 눈과 입, 충치 등을 장식해요. 칫솔과 세균은 일본식 어묵인 가마보코로 만들어요. 꽃은 당근으로 만들고, 양배추를 채 썰어 담아요.

1

2, 3　　　　4

사랑스런 너의 첫사랑

큰아이가 좋아하는 여자아이는 초등학교 1학년 때부터 지금까지 한결같아요.

아이가 학교에 들어가자마자 누구를 좋아하는지 물어봤는데, 가르쳐주지 않더라고요,

어린아이라도 부끄러워한다는 걸 알았어요. 그래서 제가 먼저 어릴 적 좋아했던 사람을 말하니까

아이도 슬쩍 알려주더라고요. 이렇게 서로 비밀을 공유하고 있답니다.

아이의 첫사랑을 응원하고 싶어 야심 차게 준비했어요.

가위로 하트를 오리면서 오늘은 꼬옥 용기를 내어 고백해보길 바라는 마음을 담았어요.

아이가 소중하고 예쁜 추억을 간직할 수 있기를 바라면서요.

삶은 감자
소금
후춧가루
소시지
김
달걀노른자 지단
유부초밥
슬라이스 치즈(흰색 · 노란색)
파프리카(빨간색 · 초록색)
삶은 파스타 면
장식용 깃발

TIP

하나, 여자아이의 머리를 양 갈래로 묶은 스타일로 만들었어요. 각자 아이의 생김새를 감안해서 만들어보세요.

둘, 유부초밥으로 사랑의 배를 만들었는데 바구니 등 각자 다른 아이디어로 표현할 수도 있어요.

1 삶은 감자는 뜨거울 때 으깨서 소금과 후춧가루로 간하고 얼굴 모양을 만들어요. 얼굴의 하트 모양 눈은 소시지의 껍질을 오려 만들어요. 눈과 입은 김으로 만들어요.

2 달걀노른자 지단으로 여자아이의 머리를 만들어요.

3 유부초밥을 만들어요. 여자아이의 유부초밥 배에는 노란색과 흰색 치즈로 하트를 만들어 담아요. 남자아이의 유부초밥 배에는 빨간색과 초록색 파프리카로 하트를 오려 담아요. 삶은 파스타 면과 노란색 치즈, 김으로 닻을 만들어요. 소시지를 잘라 깃발을 꽂고 배를 장식해요.

1

2

3

일찍 자고 일찍 일어나기

일찍 자고 일찍 일어나야 키도 쑥쑥 크고 공부도 잘한다는 이야기를 자주 하고

8시 반에는 재우도록 노력해요. 하지만 학교와 학원에 다녀오고 저녁 먹고 씻고 숙제를 하고 나면

금세 잘 시간이라서 아이가 너무 속상해해요. 자기도 늦게까지 엄마 아빠처럼 놀고 싶다고요.

일찍 자면 좋은 꿈도 꾸고 꿈에서 돼지가 나오면 돈이 많이 생기고,

그 돈으로 장난감도 마음대로 살 수 있을지 모른다고 말했어요.

그 말에 아이가 곧바로 침대로 가더라고요. 다음 날 아침 "꿈에 돼지가 나왔니?" 물었더니

"정말 꿈에 돼지가 나왔어, 엄마! 나 오늘 부자가 될지 몰라!" 하면서 흥분했던 기억이 나네요.

흰밥
슬라이스 치즈(흰색 · 노란색)
김
파프리카(빨간색)
달걀
슬라이스 햄
아스파라거스
피자 도우
식빵
토마토케첩
당근

TIP

저는 이불의 꽃무늬를 표현하기 위해 시간과 정성을 많이 쏟았지만, 처음 하시는 분은 노란색 이불로 만들어도 돼요. 꽃잎은 창틀을 만들고 남은 아스파라거스로 만들었어요.

1 아이의 얼굴은 흰밥을 뭉쳐서 동그랗고 납작하게 만들고 머리는 노란색 치즈로, 눈, 코, 입은 김으로 만들어요. 잠옷과 손은 흰색 치즈와 빨간색 파프리카로 만들어요.

2 아이의 이불은 달걀을 노른자와 흰자로 분리해 노른자만 프라이해서 꽃무늬를 만들 구멍을 내요. 그 구멍을 남은 흰자로 메워요. 베개는 흰색 치즈로 만들어요.

3 이불의 꽃무늬 구멍을 햄과 아스파라거스 잎으로 장식해요.

4 말풍선은 피자 도우를 잘라 만들어요. 돼지 얼굴은 식빵을 밀대로 밀어 동그란 모양을 찍은 다음, 남은 햄으로 코와 귀, 꼬리를 만들어요. 눈과 입은 김으로, 양 볼은 토마토케첩으로 표현해요.

5 창문은 잎을 떼고 남은 아스파라거스를 잘라 만들고, 초승달은 달걀노른자, 탁상시계는 당근과 김, 달걀노른자로 만들어요.

영어 공부하며 냠냠

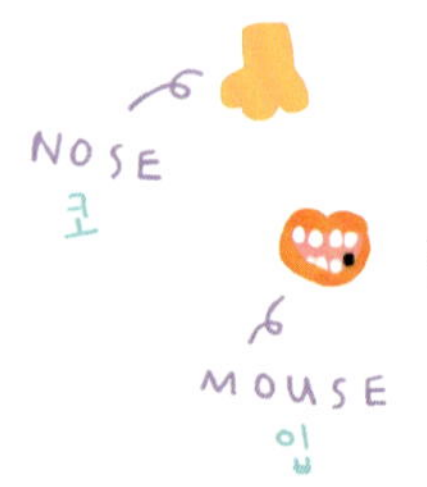

일본에서는 초등학교 3학년 2학기에 영어 공부를 시작해요.

한국에서는 일본보다 더 일찍 영어를 시작하고 더 많이 공부하는 것 같아요.

요즘은 일본에서도 영어를 배워야 한다고 강조하더라고요.

아직까지는 영어 공부에 부담을 주고 싶지는 않아서

얼굴과 관련된 영어 단어를 맛있게 배울 수 있는 요리 데코를 준비했어요.

역시 인기 만점!

영어에 조금은 관심이 생겼겠죠?

팬케이크
달걀
슬라이스 치즈(흰색 · 노란색)
김
적양배추
맛살
슬라이스 햄
마시멜로
호박
방울토마토

TIP

팬케이크는 프라이팬을
달군 다음 기름을 두르
고 약한 불에서 구워야
타지 않아요. 기름 대신
버터를 넣으면 색이 좀
더 진하게 나오고 버터
향이 돌아요.

1 팬케이크(레시피 13쪽)를 구워 종이 얼굴 도안을
대고 살살 칼집을 내면서 잘라요.

2 달걀을 풀어 머리 모양을 만들면서 프라이해요.

3 눈과 속눈썹은 흰색 치즈와 김으로, 코는 노란색
치즈로, 눈썹은 적양배추로, 입은 맛살과 햄으로
만들고 이는 마시멜로를 잘라 만들어요. 옷은 호
박과 방울토마토를 반으로 잘라 만들어요.

나의 사과를 받아줘

아침에 눈을 뜨자마자 아들을 위해 서둘렀어요. 사실 전날 아들이 저한테 많이 혼나서
울면서 잠이 들었거든요. 저는 혼낼 때는 눈물 콧물 쏘옥 뺄 만큼 따끔하게 야단을 쳐요.
그러고 나서 잠든 아이를 보며 조금만 참을걸 하는 후회를 하곤 하지요.
그래서 아들에게 사과하고 싶었어요. 꽃집을 지나는데 사과 모양의 장식용 사과를 팔기에
얼른 사서 요리 데코를 만들었어요. 컵밥과 함께 테이블에 올려놨더니
아이가 제 마음을 알아준 건지 너무 좋아하면서 맛있게 먹는 모습에 마음이 찡했어요.
"엄마가 너무너무 미안했어!"

재료

감자
소금
후춧가루
달걀노른자 지단
김
슬라이스 치즈(노란색)
흰밥
오이
아보카도
연어
소시지
장식용 사과

TIP

감자를 으깨어 얼굴 모양을 만들 때는 감자를 랩으로 꽁꽁 싸야 부서지지 않아요.

만드는 방법

1 감자를 쪄서 으깬 다음 소금과 후춧가루를 섞어 동그란 얼굴을 만들어요.

2 엄마 머리는 달걀노른자 지단으로 만들고 눈, 코, 입은 김으로 만들어요. 남자아이 머리는 치즈와 김으로 만들고 눈, 코, 입은 김으로 만들어요.

3 투명한 컵에 흰밥과 오이를 차례로 담고 아보카토와 밥, 연어, 달걀노른자 지단을 담아요. 엄마와 아들 얼굴을 올리고 엄마의 몸은 연어로, 남자아이 몸은 슬라이스한 오이로 감싸요. 모자는 소시지를 잘라 만들고 장식용 사과를 컵밥에 꽂아요.

1

2

3

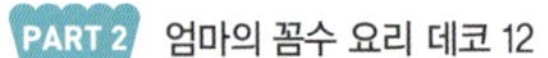
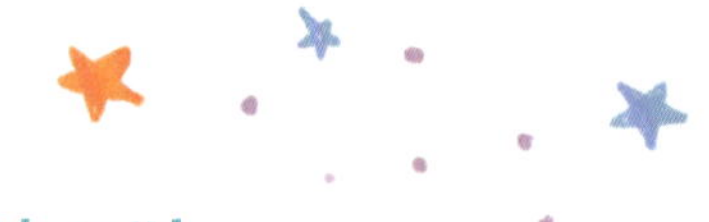

거짓말은 안 돼!

아이들은 누구나 크면서 조금씩 거짓말을 하더라고요. 큰아이도 제가 걱정할까 봐
순간적으로 거짓말을 했어요. 아이한테 어떻게 설명할까 고민하다 피노키오가 떠올랐어요.
유치원을 다니는 아이들은 거짓말을 하면 정말 코가 길어진다고 겁을 주면 딱 믿는 시기인 것 같아요.
엄마에게 솔직하기를 바라는 마음으로 만들어준 피노키오예요.
아이가 아침에 이걸 보자마자 "엄마, 내가 어제 거짓말해서 오늘 이걸 만든 거야?" 하는데
저도 모르게 웃음이 터져버렸어요. 아들에게 "어! 너 코가 좀 자란 거 같아" 했더니
씨익 웃었던 아들 얼굴이 떠오르네요.

흰밥
간장
피자 치즈
김
슬라이스 햄
파프리카(빨간색 · 노란색)
표고버섯
당근
막대 과자
마시멜로(초록색)
슬라이스 치즈(노란색)
어묵
초코 펜(흰색)

1 흰밥에 간장과 피자 치즈를 넣고 섞어 피노키오의 얼굴과 목, 팔, 다리를 만들어요. 머리카락과 눈은 김으로, 양 볼은 햄으로, 입은 빨간색 파프리카로 만들어요.

2 모자와 신발은 삶은 표고버섯으로, 깃털은 당근으로 만들어요. 코는 긴 막대 과자를 활용하고, 초록색 마시멜로로 코를 강조해요. 옷은 빨간색과 노란색 파프리카로 만들고 치즈와 어묵으로 별 모양을 만들어 장식해요. 흰색 초코 펜으로 온몸에 연결된 실을 표현해요.

혼자서도 잘해요

아이가 혼자서 목욕을 했을 때, 정말 많이 컸구나 생각했어요.

얼마나 기특하고 대견한지 그때의 감동을 잊을 수가 없어요. 작은 손으로 머리를 감고 수건으로

쓱쓱 닦던 모습이 아직도 기억에 생생해요.

그러다가도 가끔 혼자 씻기 싫다고 할 때는 아직도 어리구나 싶어요.

달걀흰자를 거품 내서 비누처럼 데코했더니 아이가

"엄마! 비누도 먹어야 해? 진짜로?" 하고 놀라서 묻더군요. 아니라는 제 말을 믿지 않다가

한입 맛을 보더니 "음~ 정말 아무 맛이 안 나는구나" 하면서 까르륵 웃었어요.

흰밥
간장
피자 치즈
김
슬라이스 햄
토마토케첩
콘부(다시마)
감자 고로케
슬라이스 치즈(노란색)
당근
어묵
달걀흰자 머랭

TIP

거품으로 장식한 것은 달걀흰자를 이용해 만드는 머랭이에요. 볼에 달걀흰자만 담아 거품기로 저으면서 풀어요. 설탕을 조금씩 넣으면서 계속 저으면 걸쭉한 머랭이 완성됩니다.

만드는 방법

1 흰밥에 간장과 피자 치즈를 넣고 섞어 얼굴과 몸을 만들어요. 얼굴의 눈, 코, 입은 김으로 만들고 양 볼은 햄과 토마토케첩으로, 머리카락은 콘부(다시마)로 표현했어요.

2 감자 고로케(레시피 12쪽)를 노릇노릇하게 튀겨서 식힌 다음, 욕조 모양으로 만들어요.

3 치즈를 뭉쳐서 병아리를 만들어요. 병아리의 눈과 부리는 김과 당근으로 만들고, 샤워기는 어묵으로, 거품은 달걀흰자를 거품 내 머랭을 만들어 올려요.

원숭이도 나무에서 떨어질 때가 있어!

아이가 학교에서 실수를 해서 기운이 없고 풀이 죽어서 집에 왔더군요.

사람은 누구나 완벽할 수 없고, 실수를 하면서 크는 거라고 열심히 설명했어요.

그래서 '원숭이도 나무에서 떨어질 때가 있다'는 속담을 말해주며, 이 요리 데코를 만들었어요.

아이는 보자마자 환하게 웃었어요. 그런데 가만 생각해보면 저도 은연중에

아이가 모든 것을 완벽하게 잘하기를 바랐던 것 같아요. 그런 제 자신을 반성하며,

아이가 실수해도 이해하고 용기를 주면서 아이와 함께 성장할 수 있기를 바라요.

아스파라거스
소금
낙엽 모양 두부
모닝빵
슬라이스 치즈(흰색)
김
슬라이스 햄
미트볼
흰밥
간장
피자 치즈
검은깨

TIP

저는 나무를 아스파라
거스로 만들었지만, 다
른 야채를 이용해도 좋
아요.

1 아스파라거스는 밑동을 2~3cm 정도 잘라내고, 슬라이서로 겉껍질도 벗겨낸 다음 소금을 넣은 끓는 물에 1분 정도 데쳐요. 식힌 아스파라거스로 나무를 만들고, 야채와 낙엽 모양의 두부를 올려요.

2 모닝빵을 반으로 잘라 원숭이 얼굴과 몸을 만들어요. 원숭이의 눈, 코, 입은 치즈와 김, 햄으로 만들고, 귀는 미트볼 위에 치즈를 올려요. 엉덩이는 햄으로 만들어요.

3 다리와 꼬리는 흰밥에 간장과 피자 치즈를 조금 넣고 만들어요. 땅은 검은깨로 표현해요.

편식은 NO!

편식은 정말 습관인 것 같아요. 다행히 아이가 어렸을 때는 편식이 심했는데,

지금은 못 먹는 음식이 거의 없어졌어요. 하지만 아이는 부모의 식습관을 닮기 때문에

저와 식성이 비슷해지는 것 같아요. 유치원이나 학교에서 급식을 할 때 편식이 심하면 정말 난감해요.

이번 요리 데코에 사용한 재료 중에는 어린이 간식인데 젤리로 스시도 만들고

이렇게 도시락 세트도 만들고 라면도 만들 수 있어요.

이 재료를 사면서 편식을 하지 말자는 주제를 떠올렸지만,

그냥 작은 미니 도시락을 만들어보면 어떨까요?

흰밥
김
슬라이스 치즈(흰색)
토마토케첩
달걀노른자
파프리카(빨간색 · 노란색)
맛살

TIP

일본에서 판매하는 어린
이용 간식은 직접 아이가
만들어서 먹는 젤리 같
은 간식이에요. 저는 편
식이라는 주제가 생각나
서 이걸 준비했지만, 없
으면 집에 있는 재료로
만들어도 좋아요.

1 얼굴은 흰밥을 뭉쳐 동그랗고 납작하게 만들고 눈, 코, 입은 김과 치즈로, 볼은 토마토케첩으로 만들어요. 머리카락은 달걀노른자를 부쳐 아주 얇게 지단을 만들어요. 머리핀은 빨간색 파프리카로 만들어요.

2 아이 옷은 노란색 파프리카와 맛살로 만들고 손은 치즈로 만들어요.

3 도시락 모양의 간식은 일본에서 파는 어린이용 간식을 활용했어요.

1

2

Special Days
요리 데코

9월 말부터 여기저기서 핼러윈 데이 준비로 들썩들썩해요.

저는 핼러윈 데이가 되면 아이들을 위해 과자를 굽고 파티도 준비해요.

이맘때가 되면 아이는 엄마가 어떤 요리 데코를 준비할지 관심이 많고 궁금한가 봐요.

자꾸 "엄마, 이번에는 무얼 만들 거야?" 하고 묻지만, 저는 그냥 웃기만 해요.

미리 알려주면 재미없잖아요. 피가 나는 손가락이나 유령 샐러드는

아이가 가장 좋아하는 요리 데코예요.

치아 토마토 샐러드

재료   토마토, 마시멜로, 슬라이스 햄,
후춧가루, 올리브유

만드는 방법

1 토마토를 가로로 잘라 접시에 놓고 마시멜로를 치아 모양으로 작게 잘라 나란히 올려요. 그 위에 토마토를 올려요. 햄을 혀 모양으로 오려 치아 아래 넣어요.

2 토마토 위에 후춧가루와 올리브유를 뿌리고 크림 수프가 있으면 접시에 흩뿌려서 장식해요.

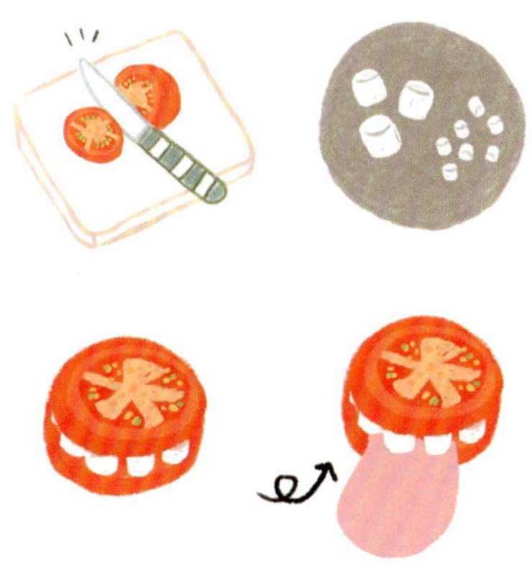

호박 핼러윈 토스트

재료 식빵, 초코 펜(연두색),
슬라이스 치즈(흰색 · 노란색),
김, 별사탕

만드는 방법

1 쿠킹포일을 호박 모양으로 잘라 식빵
위를 덮은 다음 토스터에 노릇노릇하게
구워요. 식빵을 꺼내고 호박 테두리를
연두색 초코 펜으로 그려요.

2 식빵을 핼러윈 캐릭터로 장식하는데,
유령이나 호박, 박쥐, 교회 모양은 흰색
과 노란색 치즈와 김으로 만들고 별사
탕으로 장식해요.

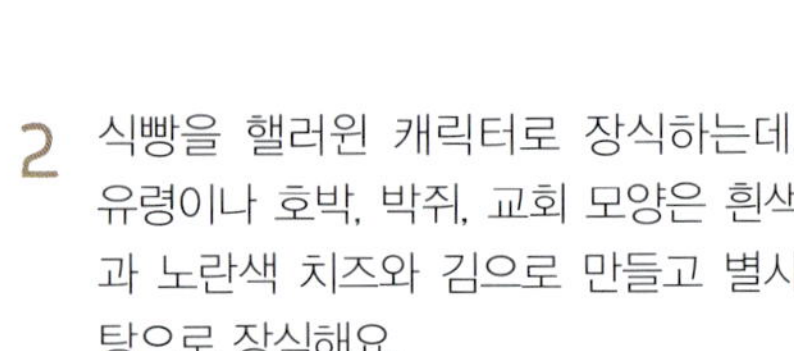

TIP 쿠킹포일로 다양한 모양을 만들어보세요.
생각났을 때 미리 만들어두면 좀 더 빨리 만들 수
있겠죠?

드글드글
벌레 유령 피자

재료 피자 도우, 토마토소스, 잎채소, 올리브, 모차렐라 치즈, 김

만드는 방법

1 피자 도우를 만들어요. 저는 시중에서 판매하는 도우 가루로 반죽했어요.

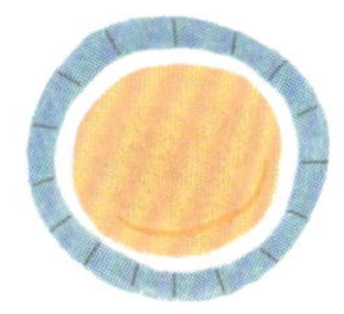

2 도우 위에 토마토소스를 듬뿍 올려요. 잎채소를 올리고 그 위에 올리브를 놓아요. 다리와 더듬이를 김으로 만들어 붙이면 벌레가 완성돼요.

  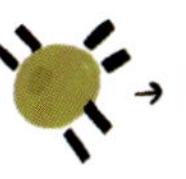 

3 모차렐라 치즈를 얇게 썰어 유령 모양 틀로 찍은 다음 김으로 눈과 입을 만들어요.

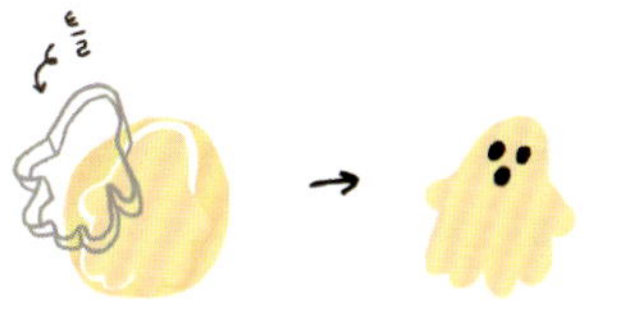

TIP 하나, 유령 모양 틀이 없으면 종이틀을 만들어 대고 오려도 좋아요.
둘, 요리 데코를 즐기고 나서 햄 등의 토핑을 올린 다음 오븐에 구우면 더 맛있어요.

핼러윈 햄버거
유령 샐러드

재료 햄버거 패티, 슬라이스 치즈(흰색 · 노란색),
김, 비엔나 소시지, 토마토케첩,
양배추, 흰밥, 무

만드는 방법

1 햄버거 패티(레시피 12쪽)를 만들어요.
프라이팬에 패티를 넣고 약한 불에서
뚜껑을 덮고 은근하게 익혀요. 불을 끄
고 노란색 치즈를 올린 다음 뚜껑을 덮
어 남은 열로 치즈를 녹여요. 눈, 코, 입
은 김으로 만들어요.

2 비엔나 소시지를 손가락 마디 모양으로
칼집을 내고 접시에 올려요. 손톱 부분
을 살짝 잘라내고 흰색 치즈를 올려요.
소시지 바닥에 토마토케첩을 짜서 피처
럼 장식해요.

3 양배추를 채 썰어 담고 그 위에 무를 얇
게 슬라이스해서 붕대처럼 올려요. 김
과 치즈로 눈을 만들어 장식하면 유령
샐러드가 완성돼요. 흰밥을 동그랗게
뭉치고 김을 박쥐 모양으로 잘라 붙여
박쥐 주먹밥을 만들어요.

TIP 박쥐 모양으로 오리기 힘들면 종이에 도
안을 그려서 오린 다음 김에 대고 만들어보세요.

해적 비빔밥

재료　흰밥, 간장, 피자 치즈, 김,
슬라이스 치즈(흰색 · 노란색),
파프리카(빨간색), 맛살,
표고버섯, 팽이버섯, 오이, 달걀

만드는 방법

1 해적의 얼굴은 흰밥에 간장과 피자 치즈를 조금 섞어 만들어요. 모자와 얼굴은 김과 흰색 치즈로 만들어요.

2 해적의 옷은 빨간색 파프리카와 흰밥에 맛살로 줄무늬를 넣어서 만들어요. 노란색 치즈로 손과 견장을 만들어요. 바지는 표고버섯으로, 신발은 치즈와 김으로 만들어요.

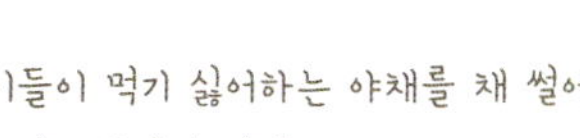

3 칼은 진짜 칼처럼 보이도록 쿠킹포일로 만들어요. 팽이버섯을 볶고 오이는 채 썰고 달걀 프라이를 곁들였어요.

TIP 아이들이 먹기 싫어하는 야채를 채 썰어 장식하면 편식도 줄일 수 있겠지요.

생일파티

아이의 생일이 다가오면 이번에는 어떤 선물을 해줄까 항상 고민하게 돼요.

요즘은 생일이 아니라도 물건이 흔하기 때문에 물건의 소중함으로 잘 모르는 경우가 많아요.

우리 어른들도 물건을 소중하게 아껴 써야 한다는 것을 알면서도 그게 쉽지 않지요.

이번 생일에는 특별히 평생 기억에 남은 선물을 준비했어요.

엄마 아빠의 마음을 담아 아이에게 전해봅니다.

"사랑해. 그리고 우리 곁으로 와줘서 정말 고마워!"

생일 파티
06

Happy Birthday!

재료 감자, 생크림, 당근,
슬라이스 치즈(노란색), 맛살,
막대 과자, 토마토케첩, 흰밥,
콘부(다시마), 피망(초록색),
김

만드는 방법

1 삶은 감자가 뜨거울 때 생크림을 아주
조금만 넣고 으깨요.

2 으깬 감자를 2단 케이크 모양으로 만들
고 당근과 치즈, 맛살로 케이크를 장식
해요. 기다란 막대 과자를 잘라 초처럼
꽂아요. 과자 끝에 토마토케첩을 살짝
묻혀 촛불을 표현해요.

3 흰밥으로 주먹밥을 만들고 콘부(다시
마)로 머리카락을 만들어요. 몸은 초록
색 피망과 치즈로 만들고 눈, 코, 입은
김으로 만들어요. 꼬깔 모자는 시판 과
자로 만들어요.

TIP 하나, 한국에서는 콘부를 구하기가 쉽지
않아요. 김을 길게 잘라 써도 좋아요.
둘, 감자를 전자레인지에서 삶을 때는 전자레인지
에 사용 가능한 그릇에 감자가 잠길 정도로 물을
붓고 5~10분 정도 돌리면 완성!

항상 부모님께 말할 수 없이 감사하면서도 나이가 들면 잘 표현하지 못하게 되더라고요,

그래도 1년에 딱 한 번만이라도 부모님께 고마운 마음을 표현해보면 어떨까요,

삐뚤빼뚤 글씨로 쓴 손자 손녀들의 손편지와 함께 멋진 요리 데코를 선물해보세요,

우리도 누군가의 소중하고 눈에 넣어도 안 아픈 자식이라는 걸 떠올리며 만들어봅니다,

우리 곁에 있어주셔서 너무나 감사한 분들에게 사랑을 전해보세요,

부모님을 위한 꽃다발

재료 흰밥, 장조림(또는 참치), 슬라이스 햄,
맛살, 식빵, 생크림,
귤(또는 집에 있는 과일), 막대 과자,
토마토케첩, 파프리카(빨간색),
슬라이스 치즈(흰색), 상추, 방울토마토

만드는 방법

1 리본으로 묶은 선물 상자는 흰밥이 따뜻할 때 장조림이나 참치 등을 넣고 네모난 모양으로 만들어요. 햄을 기다랗게 잘라 리본을 만들어 상자 위에 파스타 면을 이용해 고정해요. 빨대로 맛살의 붉은 부분을 찍어서 밥에 붙여 장식해요.

2 컵케이크는 식빵의 테두리를 잘라내고 컵케이크 안에 동그랗게 넣어요. 그 위에 생크림으로 케이크처럼 장식해요. 귤 등의 과일을 올린 다음 막대 과자를 초처럼 꽂아요. 과자 끝에 토마토케첩을 발라 촛불처럼 만들어요. 컵케이크에 꽂은 하트는 빨간색 파프리카를 하트 모양으로 자른 다음 치즈로 메시지를 만들어 붙여요.

3 포장지와 리본으로 꽃다발 모양을 만들어 상추 한 장을 깔고 접시에 놓아요. 꽃은 햄을 길게 잘라 중심을 잡고 돌돌 말아서 만들어요. 햄으로 꽃을 여러 개 만들고, 방울토마토와 함께 이쑤시개를 이용해 꽃다발을 만들어요.

TIP 선물 상자에 동그란 장식을 할 때 잘 붙지 않으면 마요네즈를 살짝 찍어서 붙여요.
둘, 컵케이크의 하트를 꽂을 때는 파스타 면 대신 이쑤시개로 고정해야 무게감을 이길 수 있어요.

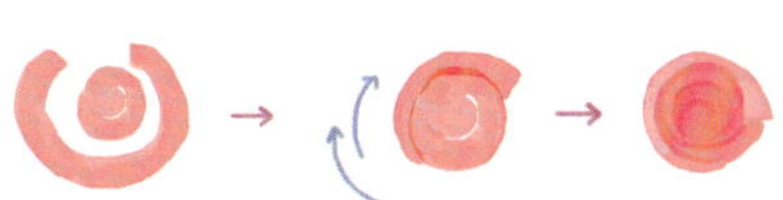

크리스마스

매년 크리스마스 시즌이 다가오면 어떤 요리 데코를 만들까 행복한 고민을 하게 돼요.

다른 때보다 크리스마스 요리 데코는 아이와 많은 이야기를 나누면서 만들게 되는데

아이 덕분에 동심의 세계로 빠져들게 된답니다. 산타클로스, 루돌프, 트리를 요리조리 장식해보며

온 가족이 모여 즐거운 대화를 나누고 행복해지는 시간,

여러분도 함께 설레는 마음으로 만들어보세요!

산타 할아버지 오셨네!

재료 식빵, 딸기, 생크림, 초코칩,
김, 오이, 슈거파우더

만드는 방법

1 식빵을 밀대로 밀어서 가위로 자유롭게
오린 다음 접시에 올려요. 딸기를 반으
로 자르고 생크림을 중간에 넣어 산타
모양을 만들어요. 눈과 코는 초코칩으
로 만들고, 신발은 김으로 만들어요.

2 크리스마스트리는 오이를 슬라이서로
얇게 밀어 겹쳐요. 오이를 뭉툭하게 잘
라 파스타 면으로 만들어둔 오이 트리
와 연결해요. 접시에 슈거파우더를 눈
처럼 뿌려요.

메리
크리스마스!

재료 흰밥, 맛살, 슬라이스 햄, 슬라이스 치즈
(흰색), 당근, 김, 튀긴 파스타 면,
비엔나 소시지, 토마토케첩, 감자,
검은깨, 브로콜리, 생크림

만드는 방법

1 산타는 흰밥으로 주먹밥을 만든 다음 맛
살로 모자를 만들어요. 얼굴은 햄으로
만들고 그 위에 흰밥을 올려서 수염을
만들어요. 산타 얼굴의 눈과 코, 눈썹은
치즈와 당근, 김으로 만들어요. 몸은 맛
살을 잘라 만들고 썰매는 흰밥과 기름에
튀긴 파스타 면으로 만들어요.

2 루돌프는 살짝 익힌 비엔나 소시지를
하나는 몸을 만들고 얼굴은 반으로 잘
라 만들어요. 얼굴을 만들고 남은 소시
지로 뿔과 귀를 만들어요. 눈과 입은 김
과 치즈에 토마토케첩을 찍어 만들어
요. 다리는 튀긴 파스타 면을 소시지에
꽂아요.

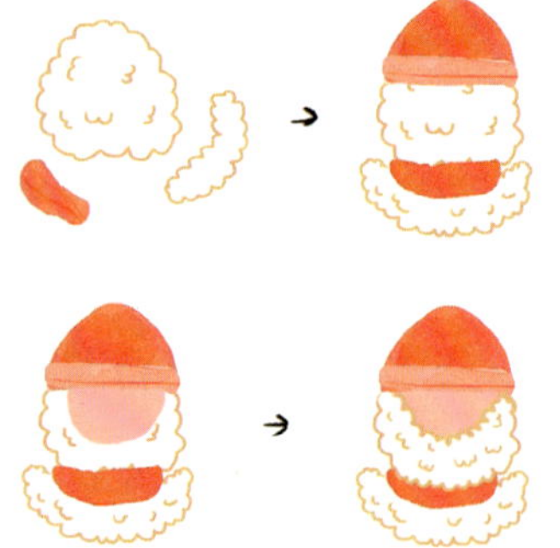

3 감자를 쪄서 으깨어 눈사람을 만들고 맛
살로 모자와 단추를, 당근으로 코를 만들
어요. 눈과 입은 김으로 만들고 입은 검
은깨를 나란히 올려요. 리스는 브로콜리
를 작은 송이로 잘라 장식하고 생크림으
로 펑펑 내리는 눈을 표현해요.

크리스마스
산타 리스

재료 상추(또는 집에 있는 잎채소), 슬라이스 햄,
파프리카(노란색 · 빨간색 · 주황색),
별 모양 과자, 흰밥, 간장, 피자 치즈,
슬라이스 치즈(흰색), 김, 맛살, 생크림,
라임

만드는 방법

1 접시 둘레를 상추 등의 잎채소로 장식
해요. 햄으로 꽃을 만들고 노란색, 빨간
색, 주황색 파프리카를 동그랗게 잘라
야채 위를 장식해요. 리스의 맨 위에 별
모양 과자로 포인트를 줘요.

2 산타는 흰밥에 간장과 피자 치즈를 조
금 넣고 섞어 주먹밥을 만들어요. 산타
모자는 맛살을 층층이 쌓아 만들고 끝
을 생크림으로 장식해요. 눈은 치즈와
김으로, 수염은 치즈로, 코는 라임을 작
게 잘라 올려요.

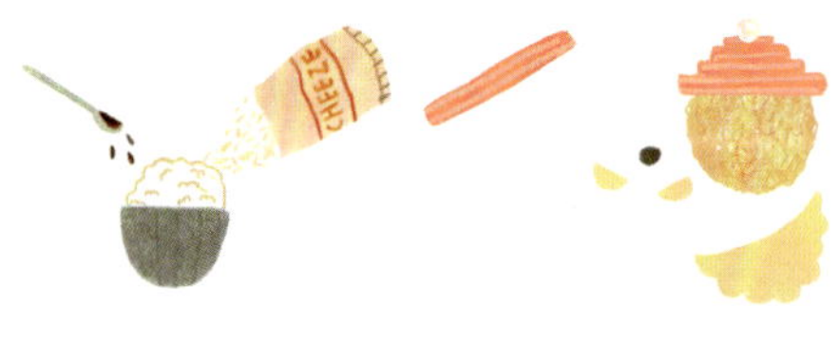

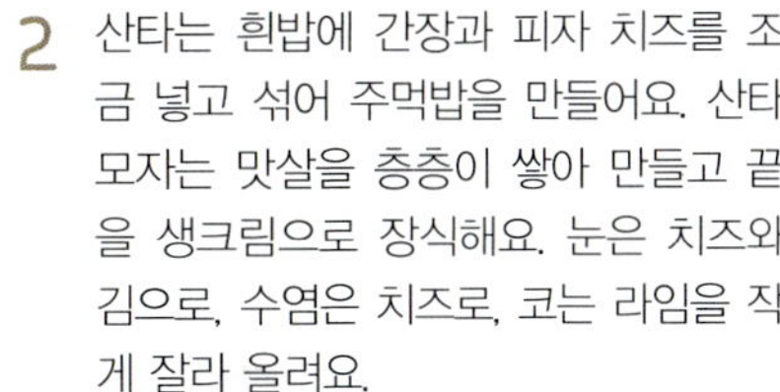

TIP 리스는 집에 있는 데코 용품이나 냉장고
속의 재료를 다양하게 활용하면 좋아요.

크리스마스트리 피자

재료   피자 도우, 브로콜리,
파프리카(노란색 · 빨간색)

만드는 방법

1 피자 도우에 브로콜리를 데쳐서 작게 잘라 펼쳐 놓고 노란색과 빨간색 파프리카를 동그랗게 잘라서 올려요.

2 피자를 트리 모양으로 잘라요. 냉장고 속 다양한 재료를 활용해 각각 다른 트리를 만들어요.

도시락

요리 데코 하면 빠질 수 없는 도시락!

신나는 운동회는 물론 아이들 소풍 도시락은 왠지 더 신경이 쓰여요.

봄이면 붕붕 벌 모양의 햄버그 도시락, 당근을 요리조리 오려 당근 낙엽이 들어간 도시락,

아이들이 좋아하는 캐릭터 도시락까지

아이들이 깜짝 놀랄 만한 도시락 요리 데코에 도전해보세요!

복잡해 보여도 절대 어렵지 않답니다.

신나는 운동회 도시락

재료 흰밥, 김, 완두콩(강낭콩), 맛살, 토마토케첩, 달걀노른자, 곁들임 반찬

만드는 방법

1 흰밥을 동글동글하게 뭉쳐서 아이들 얼굴 모양으로 5개를 만들어요. 아이가 먹는 도시락은 5개면 충분할 거예요.

2 머리와 눈, 입은 김을 잘라 꾸며요. 코는 완두콩이나 강낭콩을 파스타 면으로 연결해서 만들어요.

3 맛살을 길게 잘라 머리에 붙여 하얀 팀과 빨간 팀을 나눠요. 토마토케첩으로 볼을 만들고, 응원하는 도구는 달걀노른자를 얇게 부쳐 칼집을 낸 다음 동그랗게 말아요.

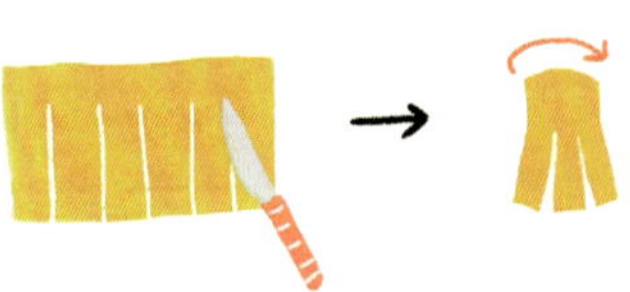

4 도시락 반찬으로 새우튀김, 닭튀김, 방울토마토, 달걀말이, 소시지 등을 담아요.

붕붕붕
꿀벌 도시락(봄)

재료　햄버거 패티, 슬라이스 치즈(흰색),
김, 통조림 옥수수, 피망, 달걀말이,
곁들임 반찬

만드는 방법

1　햄버거 패티가 뜨거울 때 치즈를 올려
패티를 감싸듯이 녹여요. 치즈가 잘 녹
았으면 베이킹 유산지 컵에 담고 김과
옥수수, 피망으로 꿀벌을 만들어요.

2　꿀벌 김밥은 김 위에 흰밥을 펼쳐 담고
달걀말이(레시피 11쪽)를 올린 다음 말
아요. 김과 옥수수, 피망으로 꿀벌을 만
들어요. 비엔나 소시지와 닭튀김 등의
곁들임 반찬을 담아요.

TIP▶ 계절별 도시락은 각 계절의 특징을
생각해서 상징적인 부분을 표현해요.

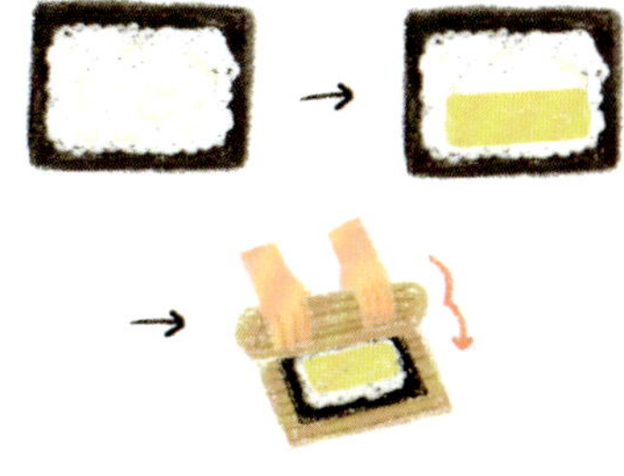

시원한 바다
바캉스 도시락(여름)

재료   볶음밥, 흰밥, 김,
슬라이스 치즈(노란색), 토마토케첩,
가마보코(일본식 어묵), 맛살,
비엔나 소시지, 곁들임 반찬

만드는 방법

1 볶음밥을 모래사장 느낌으로 도시락에
깔아요. 곰돌이는 흰밥을 뭉쳐 주먹밥을
만들고, 김과 노란색 치즈, 토마토케첩으
로 얼굴을 만들어요. 튜브는 일본식 어묵
인 가마보코로 만든 다음 맛살로 줄무늬
를 만들어요.

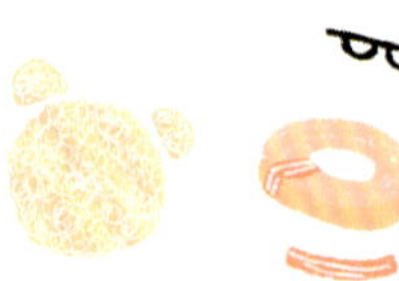

2 비엔나 소시지에 칼집을 내서 문어를
만들어요. 비엔나 소시지의 양 옆을 칼
집을 내고 가운데를 묶어 게를 표현해
요. 치즈와 김으로 눈을 만들어 파스타
면으로 고정해요.

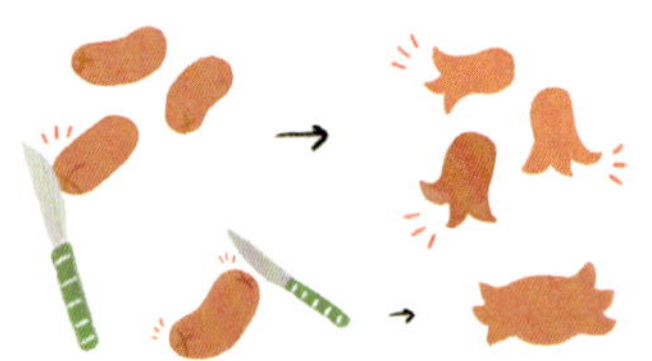

3 곁들임 반찬으로 당근과 닭튀김, 달걀
말이 등을 담아요.

TIP 하나, 모래사장의 느낌을 내고 싶을 때는
볶음밥에 간장을 조금 넣어요.
둘, 넓은 접시에 담아 더 많은 바다 생물과 해변
을 꾸며보세요!

울긋불긋
가을 풍경 도시락(가을)

재료 흰밥, 간장, 피자 치즈, 김,
슬라이스 치즈(흰색·노란색), 당근,
곁들임 반찬

만드는 방법

1 흰밥에 간장과 피자 치즈를 조금 넣고 섞어 주먹밥을 2개 만들어요. 고슴도치는 김과 노란색, 흰색 치즈, 당근을 오려서 만들어요.

2 곁들임 반찬으로 새우튀김과 비엔나 소시지, 미트볼 등을 담아요. 당근을 낙엽 모양으로 잘라 장식해요.

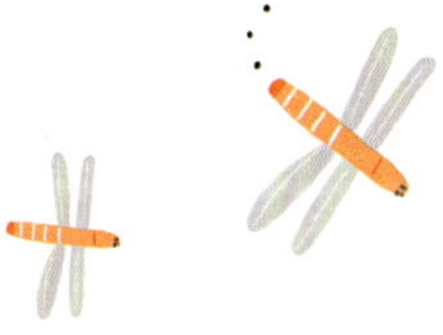

도시락
16

두 손이 꽁꽁!
도시락(겨울)

재료　흰밥, 김, 완두콩, 당근, 슬라이스 치즈
(흰색), 슬라이스 햄, 유부,
비엔나 소시지, 곁들임 반찬

만드는 방법

1　눈사람은 베이킹 유산지 컵에 흰밥으로
만든 주먹밥을 넣고 눈, 코, 입은 김과
완두콩, 당근으로 만들어요. 모자는 치
즈와 햄을 겹쳐서 만들고 파스타 면으
로 고정해요.

2　아이는 유부로 모자를 쓴 것처럼 만들고
눈, 코, 입은 김과 치즈로 만들어요. 비엔
나 소시지를 4등분해 눈사람과 아이의
장갑을 만들어요.

3　브로콜리와 닭튀김, 달걀말이, 방울토마
토, 당근 등의 곁들임 반찬을 담아요.

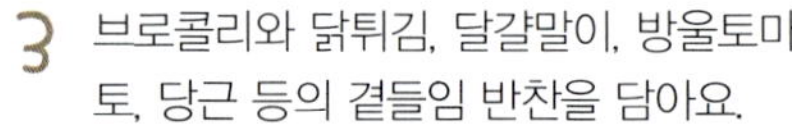

TIP　치즈를 빨대로 찍어서 하얀 눈을 표현했어
요. 이렇게 동그라미를 만들면 다양하게 활용할
수 있어요.

반가워, 친구들! 도시락

재료 흰밥, 슬라이스 치즈(흰색), 김, 깻잎, 비엔나 소시지, 곁들임 반찬

만드는 방법

1 따뜻한 흰밥으로 작은 주먹밥을 6개 만들고 치즈와 김으로 얼굴을 표현해요. 포도송이의 잎은 깻잎으로 만들어요.

2 비엔나 소시지에 칼집을 내서 김으로 얼굴을 만들고 닭튀김과 달걀말이 등의 곁들임 반찬을 담아요.

TIP 도시락을 준비할 때 요리 데코가 너무 어려우면 생활용품 전문점에서 파는 장식용 소품을 활용하면 좋아요. 아이가 도시락을 열었을 때 좋아하는 캐릭터 장식만 있어도 즐거워하거든요.

몬스터 주식회사 도시락

재료　흰밥, 녹차 가루, 슬라이스 치즈(흰색), 김, 곁들임 반찬

만드는 방법

1　흰밥을 하나는 그대로 뭉쳐서 주먹밥을 만들고, 다른 하나는 녹차 가루를 조금 섞어서 초록색을 띠도록 만들어요. 눈과 코, 입은 김과 치즈로 만들어요. 첫 번째 괴물의 큰 눈동자는 녹차 가루를 조금 뿌려서 강조해요.

2　햄, 아스파라거스말이, 연어구이, 닭튀김, 시금치나물 등의 곁들임 반찬을 담아요.

TIP　캐릭터 도시락은 어려워 보이지만 특징만 잘 살린다면 생각보다 어렵지 않답니다. 한번 도전해 보세요.

도시락 19

배트맨 도시락

재료 흰밥, 간장, 김, 슬라이스 치즈(흰색),
토마토케첩, 치킨너겟, 곁들임 반찬

만드는 방법

1 흰밥에 간장을 조금 섞고, 배트맨 얼굴 모양으로 주먹밥을 만들어요. 김과 치즈로 가면을 만들고 볼은 토마토케첩으로 만들어요.

2 배트맨의 망토는 치즈와 김으로, 몸은 치킨너겟에 치즈와 김으로 마크를 만들어요. 비엔나 소시지, 야채, 달걀말이 등의 곁들임 반찬을 담아요.

스파이더맨
도시락

재료   흰밥, 토마토케첩, 김,
슬라이스 치즈(흰색), 곁들임 반찬

만드는 방법

1 스파이더맨의 얼굴과 몸은 따뜻한 흰밥에 토마토케첩을 조금 섞어서 동그랗고 납작한 주먹밥을 만들어요. 김으로 거미줄과 거미 모양을 만들어 붙이고, 치즈로 눈을 만들어요.

2 고로케, 닭튀김, 달걀말이 등의 곁들임 반찬을 담아요.

TIP 도시락을 싸는 음식뿐만 아니라 도시락통이나 수저 세트, 냅킨 등도 색다르게 준비하면 아이들이 엄마의 정성을 느낄 수 있는 부분이라고 생각해요.

활용 도안

가위로 오려서 요리 데코에 다양하게 활용해 보세요.

교토맘_의 요리 데코 85

초판 1쇄 인쇄 2018년 3월 16일
초판 1쇄 발행 2018년 3월 23일

지은이 백주희 | **그린이** 안다연

발행인 양원석
편집장 전혜원
디자인 RHK 디자인연구소 현애정
마케팅 최창규, 김용환, 정주호, 양정길, 신우섭, 김보영, 이규진, 김양석, 우정아
해외 저작권 황지현 | **제작** 문태일

펴낸곳 (주)알에이치코리아
주소 08588 서울시 금천구 가산디지털2로 53, 20층(한라시그마밸리)
문의 02-6443-8869(내용), 02-6443-8838(구입) **팩스** 02-6443-8960
등록번호 2004년 1월 15일 제2-3726호

ISBN 978-89-255-6347-3 (13590)

밥 잘 안 먹는 아이도
한 그릇 뚝딱!